Maßstab

(→ 7.1 a)

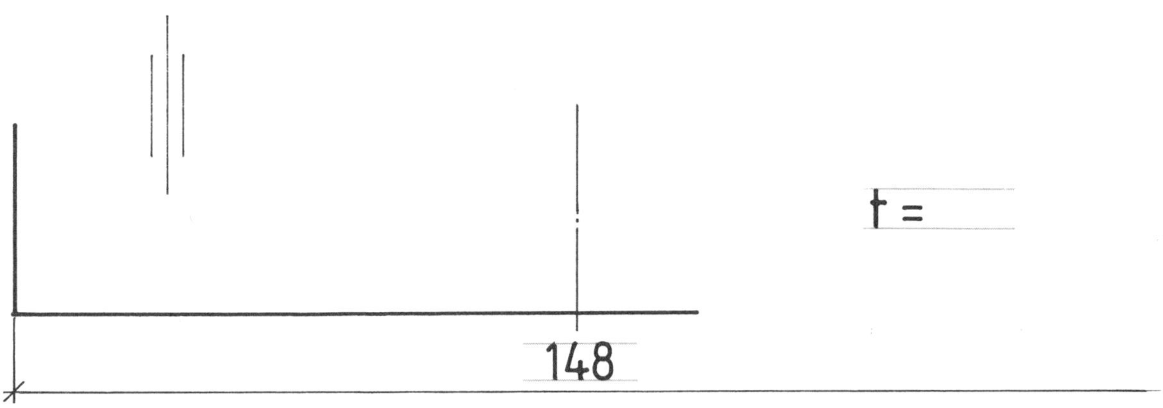

Maßstab 1:1

Vollholzplatte
im Format A5

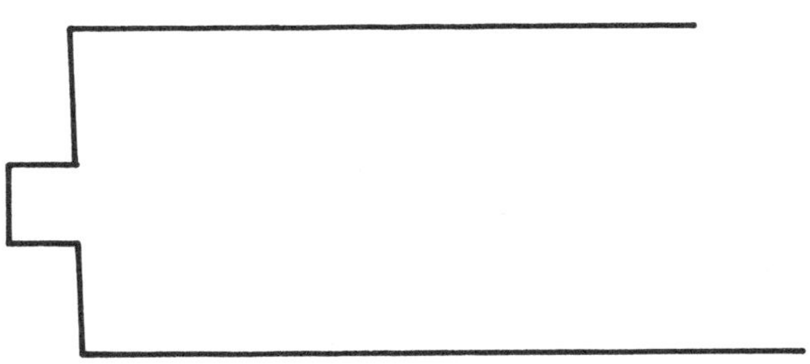

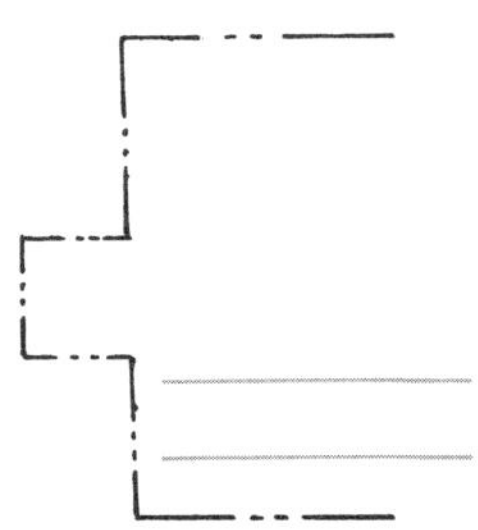

Maßstab

(→ 27.1 a)

Maßstab

(→ 28.1)

Maßstab 1:5

(→ 28.2)

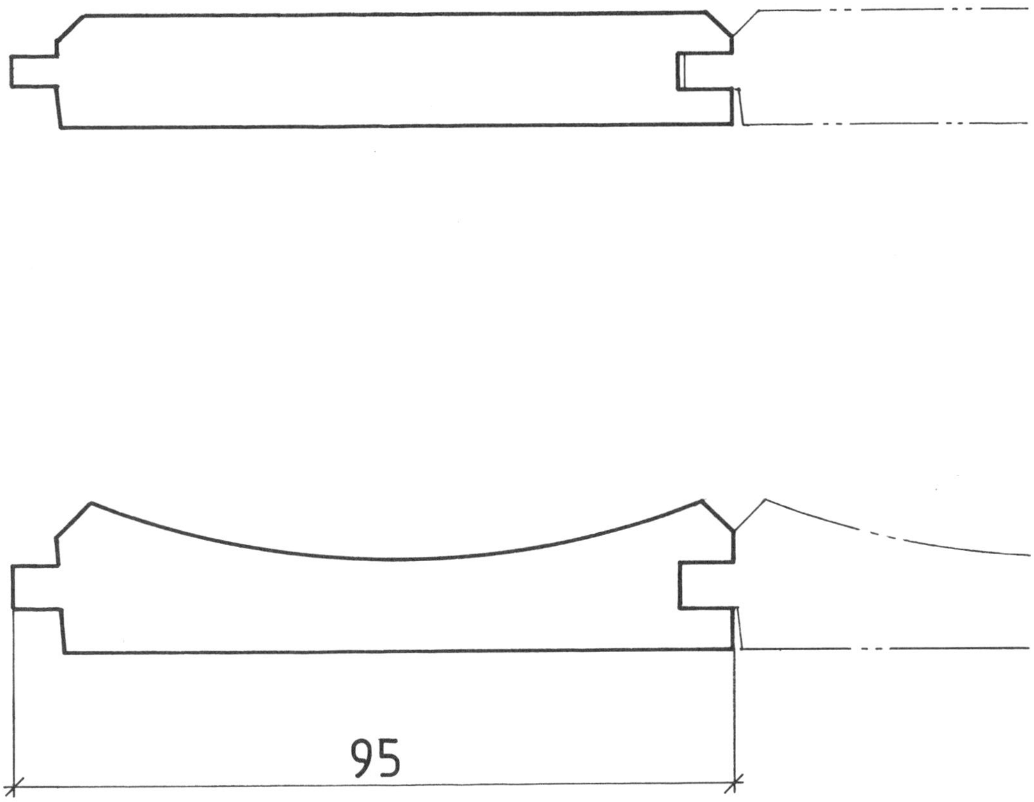

Maßstab

(→ 28.3)

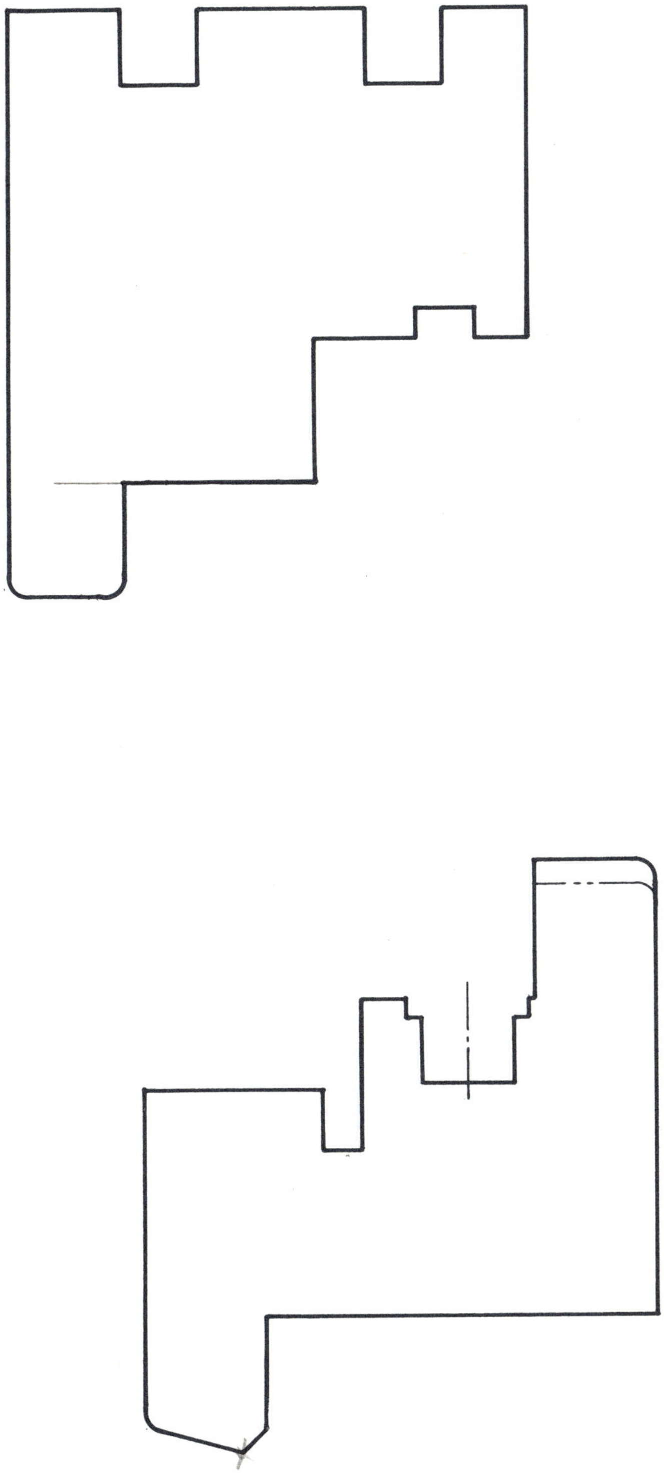

alle Radien = 2,5 mm

Maßstab 1:1

(→ S. 16 ff.)

$\overline{AB}$ in 15 gleiche Teile einteilen

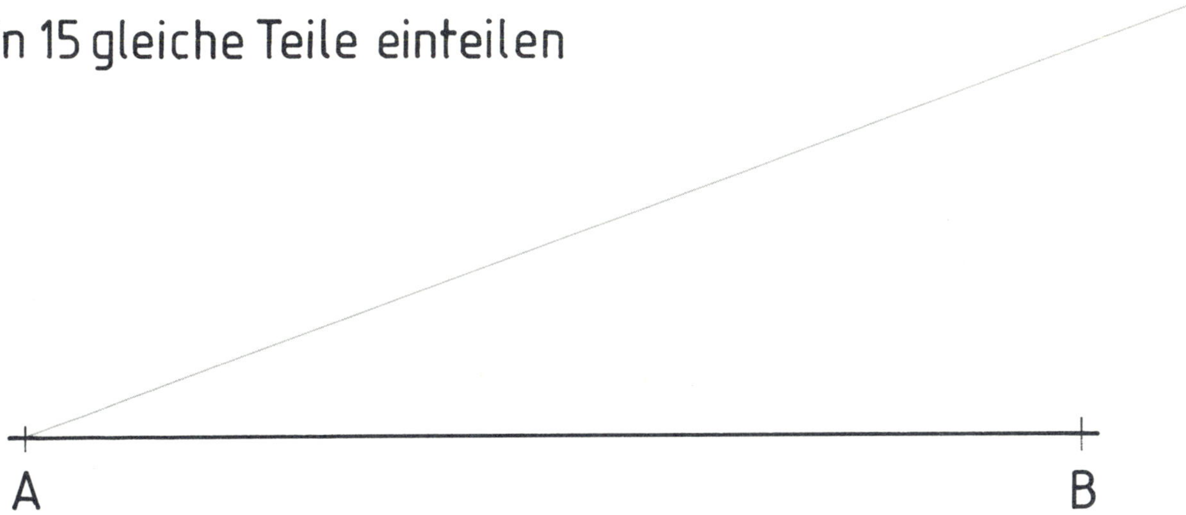

In 8×5 Felder einteilen

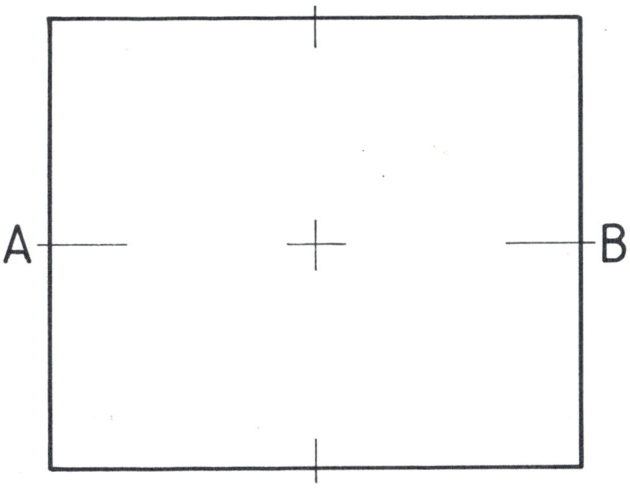

Lot fällen, Winkel bemaßen

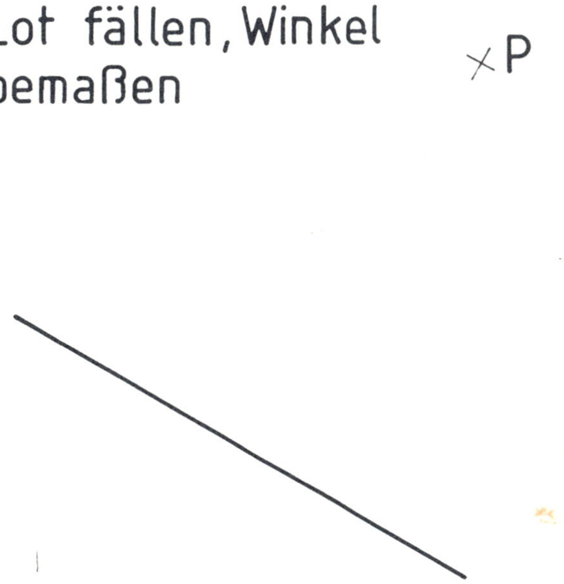

Mittelsenkrechte errichten

Parallelen zeichnen, Winkel halbieren, bemaßen

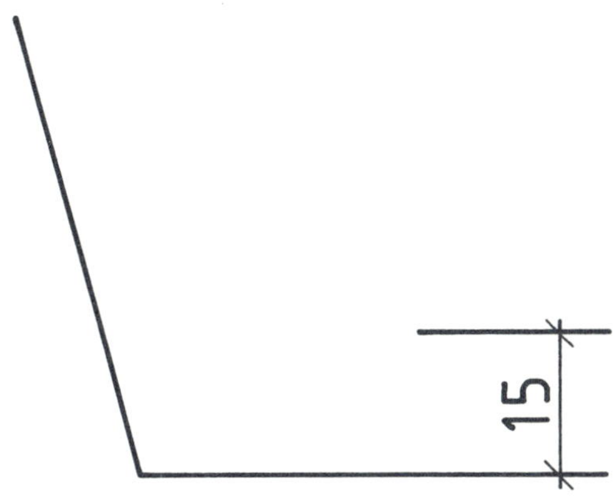

Maßstab

Treppenprofil 1:10
8 Steigungen
7 Auftritte

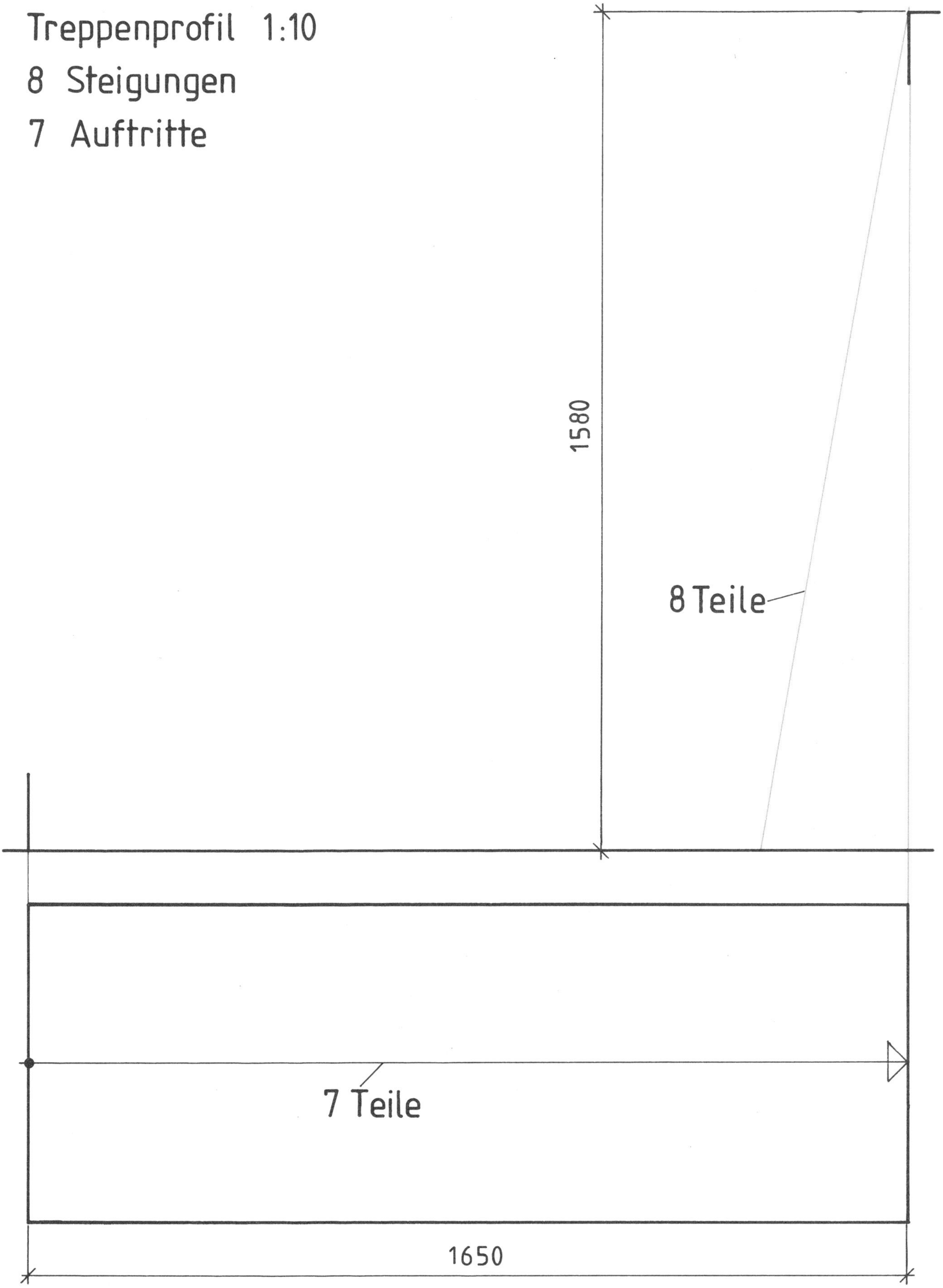

Maßstab

→ S. 23 A)

Achteck
R = 5 cm

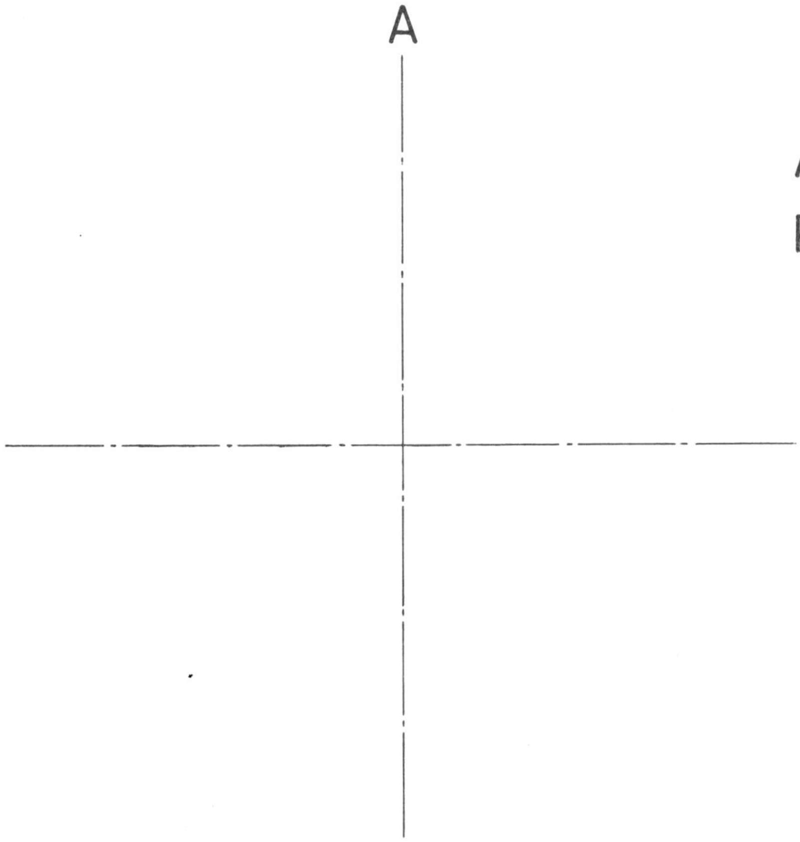

Elfeck
d = 100

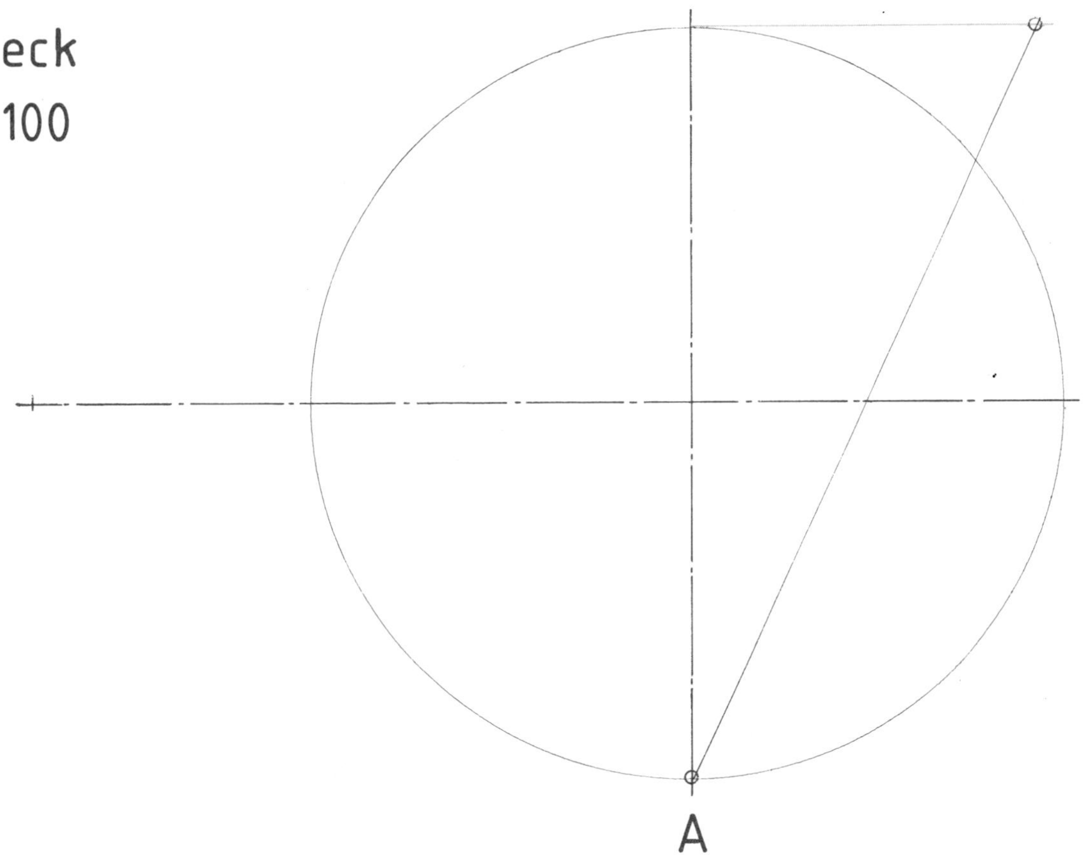

Maßstab

5 eck —··—
10 eck ——

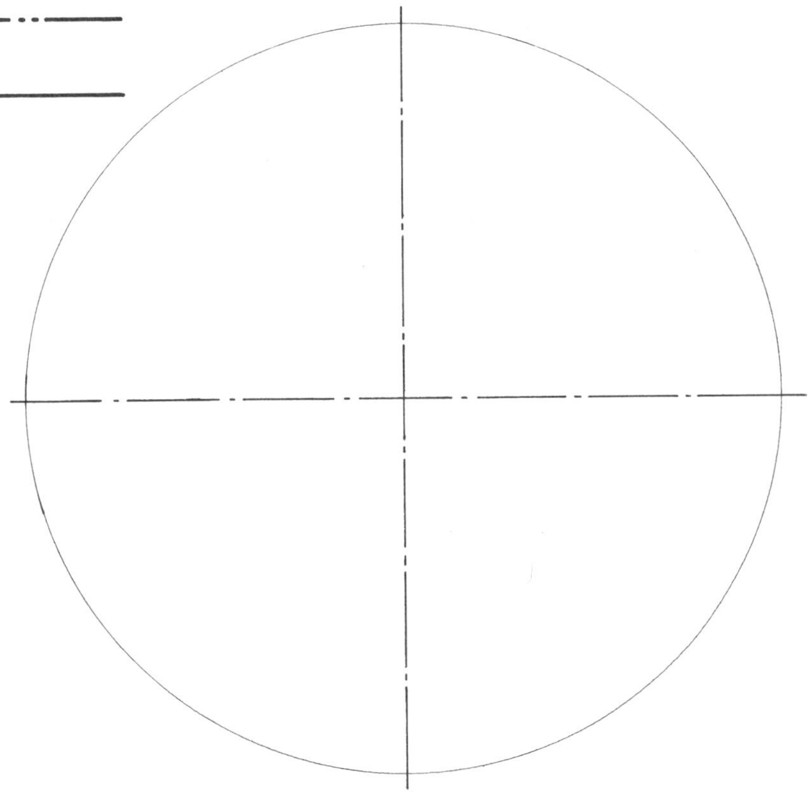

7 eck

Ges.: M

Maßstab

Ges: R
Gemessen:
R =

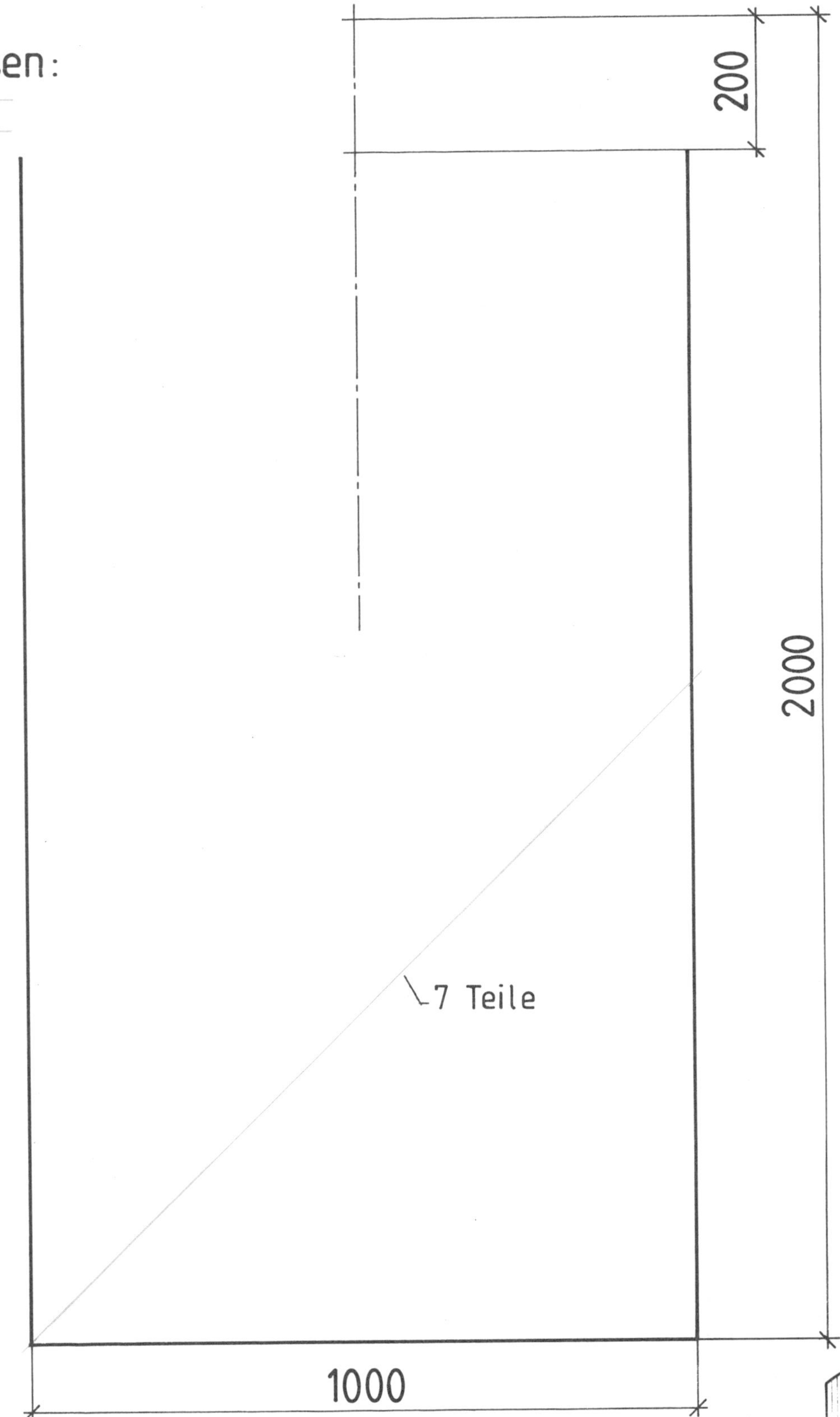

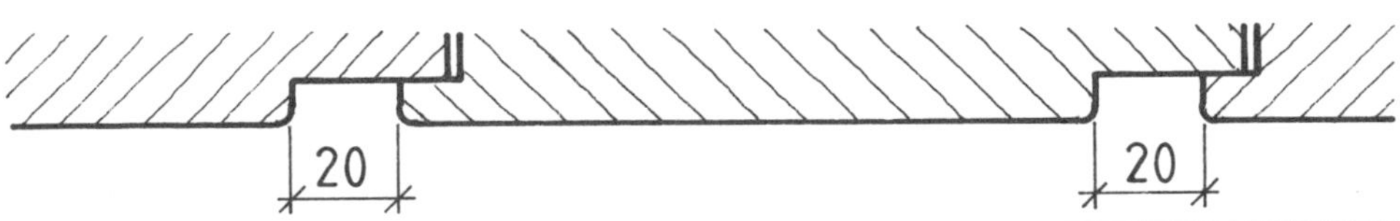

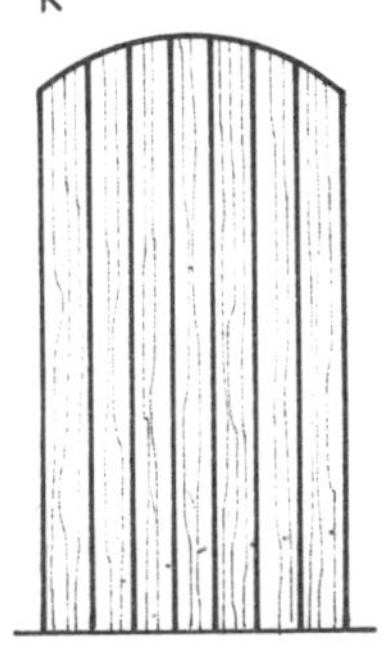

Maßstab 1:10

(→ 25.2)

I H L T F E N M Z X K A Ä V W Y

I H

I

J P R B D C G U Ü O Ö Q S S B G

J

J

1 2 3 4 5 6 7 8 9 0 9 8 7 6 5 4

1

i l t f h n m r u z x k v w d b

i

i

a c o e j y q p g s ß ä ö ü a s

a

a

1 2 3 4 5 6 7 8 9 0 1 2 3 4 5 6 7 8 9 0 1 2 3 4 5 6 7 8 9 0 1

1

1

No

nach

Schrifthöhe 7 mm:

Schrifthöhe 5 mm:

Schrifthöhe 3,5 mm:

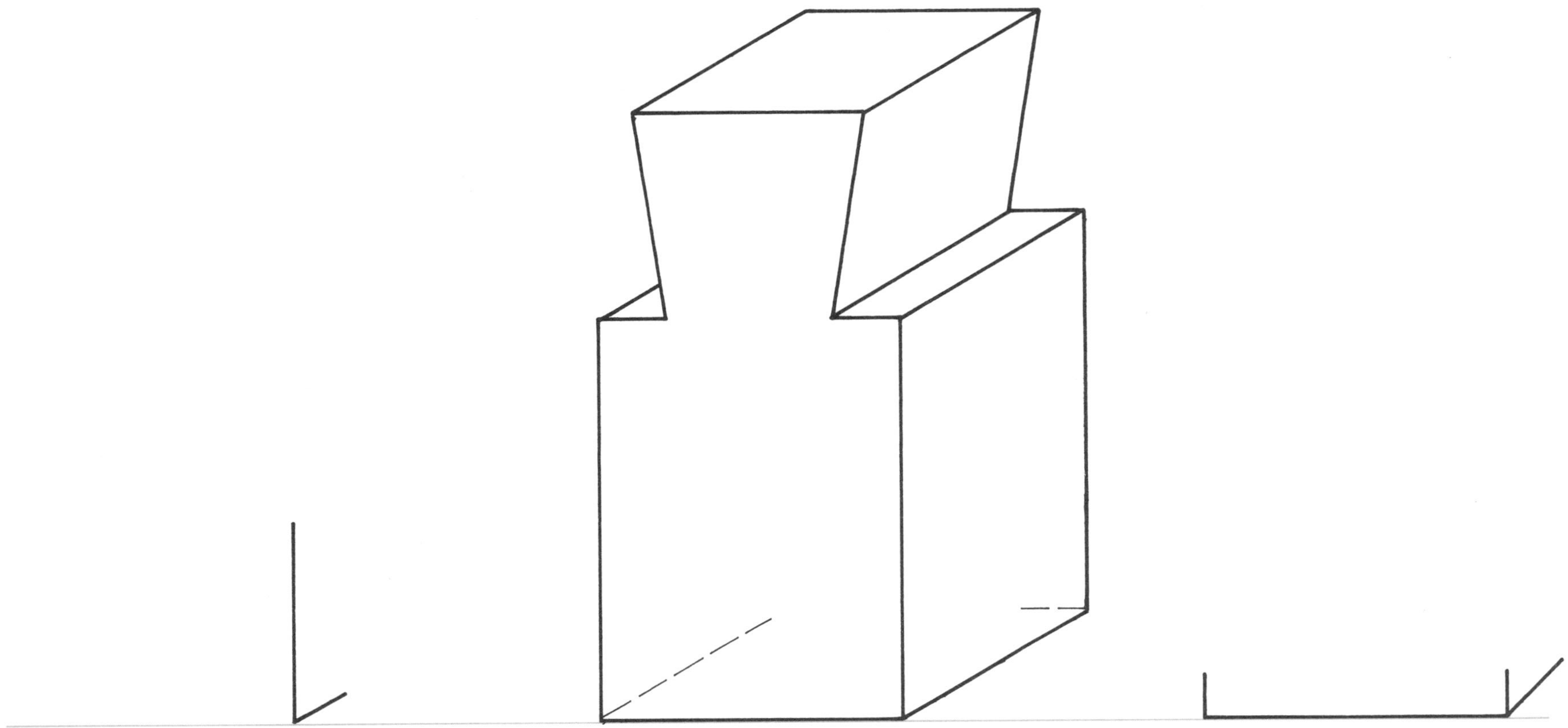

Isometrie

Kavalierperspektiven (30°,45°)

Maßstab

(→ 30 f.)

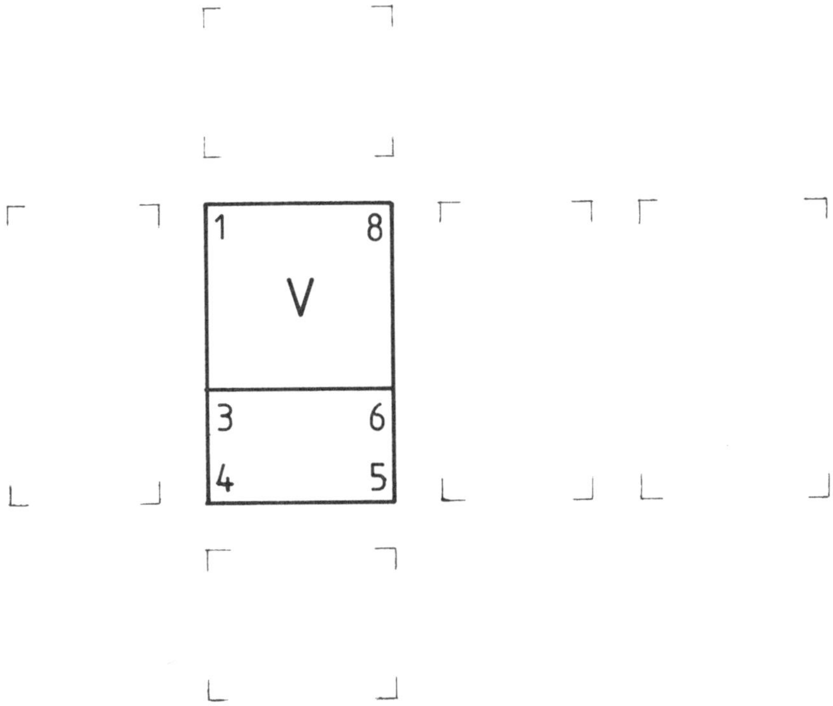

Fehlende Ansichten ergänzen und bezeichnen (→ 33.1); alle nicht verdeckten Eckpunkte benummern.

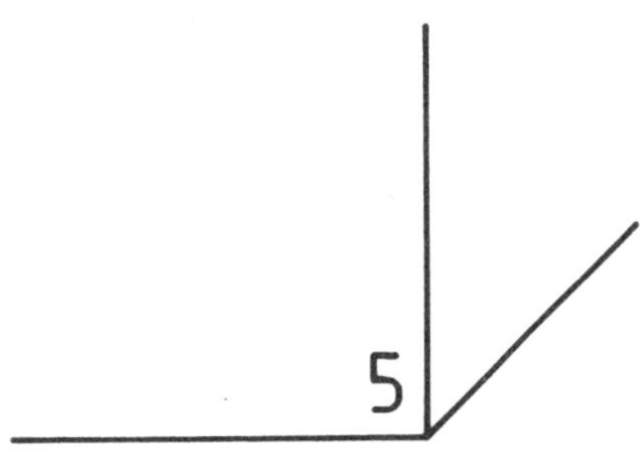

Maßstab

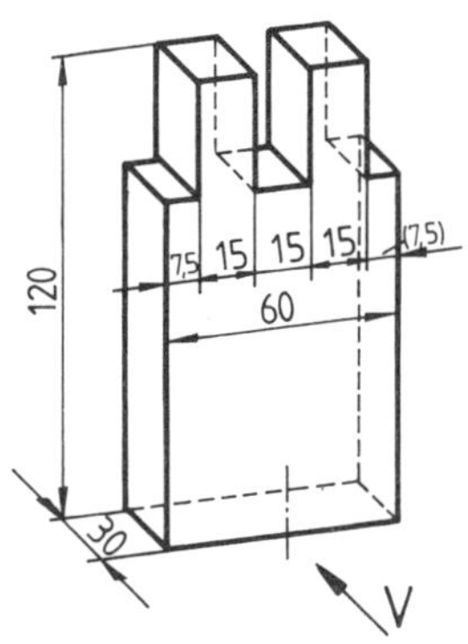

Zapfenstück oder Gegenstück
in 3 Ansichten zeichnen und
bemaßen

Maßstab 1:1

(→ 34.4 b)

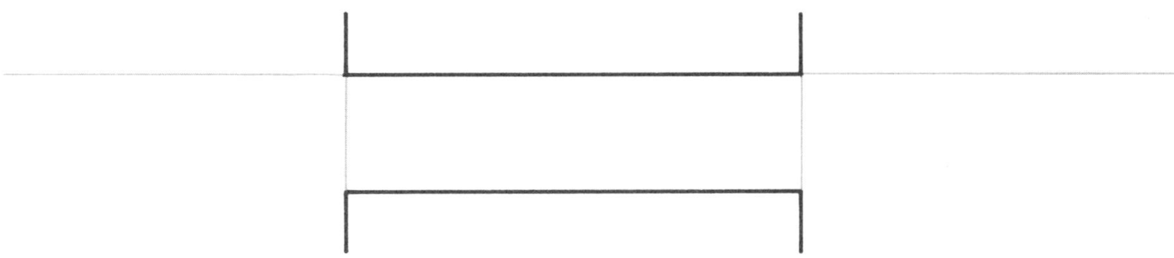

Gegenstück in 4 Ansichten
zeichnen und bemaßen

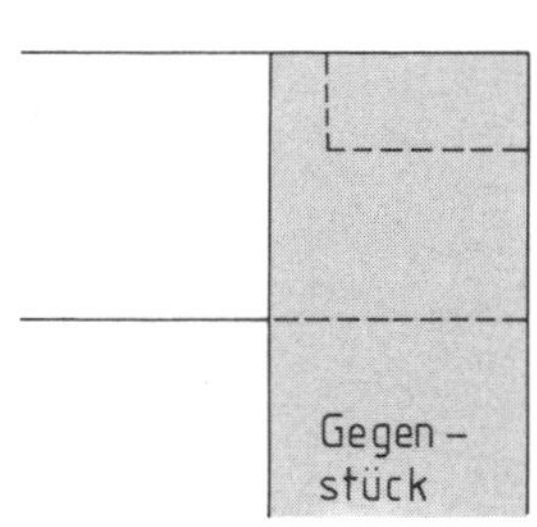

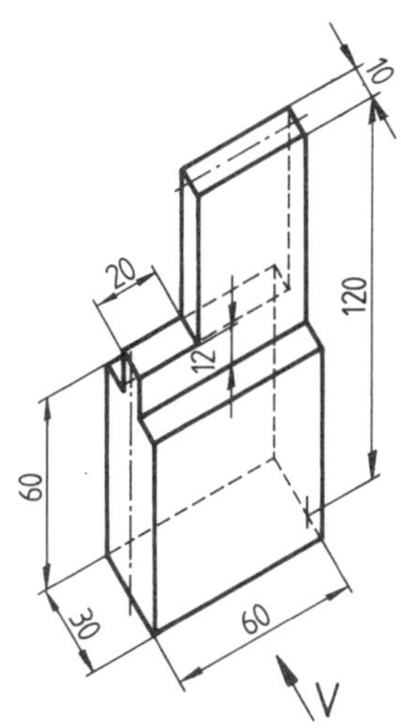

Maßstab 1 : 1

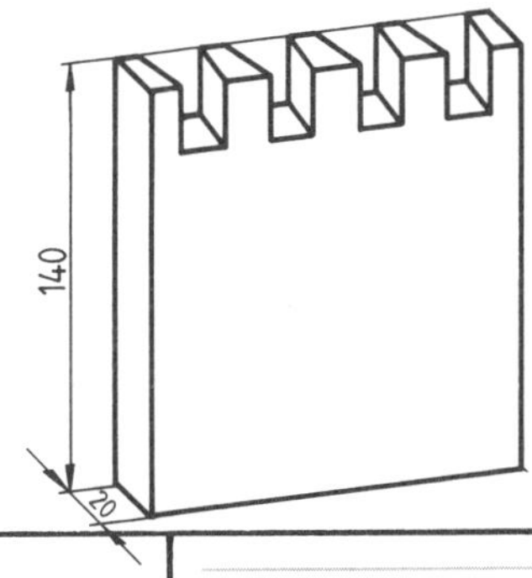

Maßstab 1:1

(→ 35.3 a)

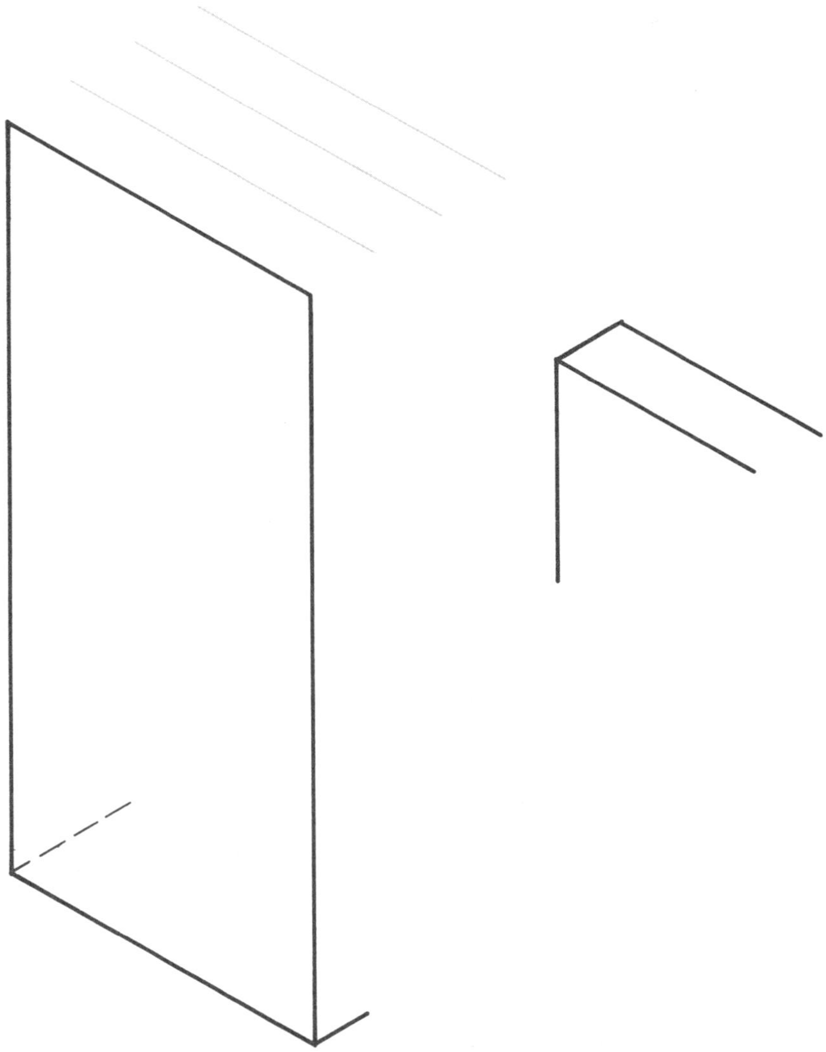

Maßstab

(→ S. 30/36)

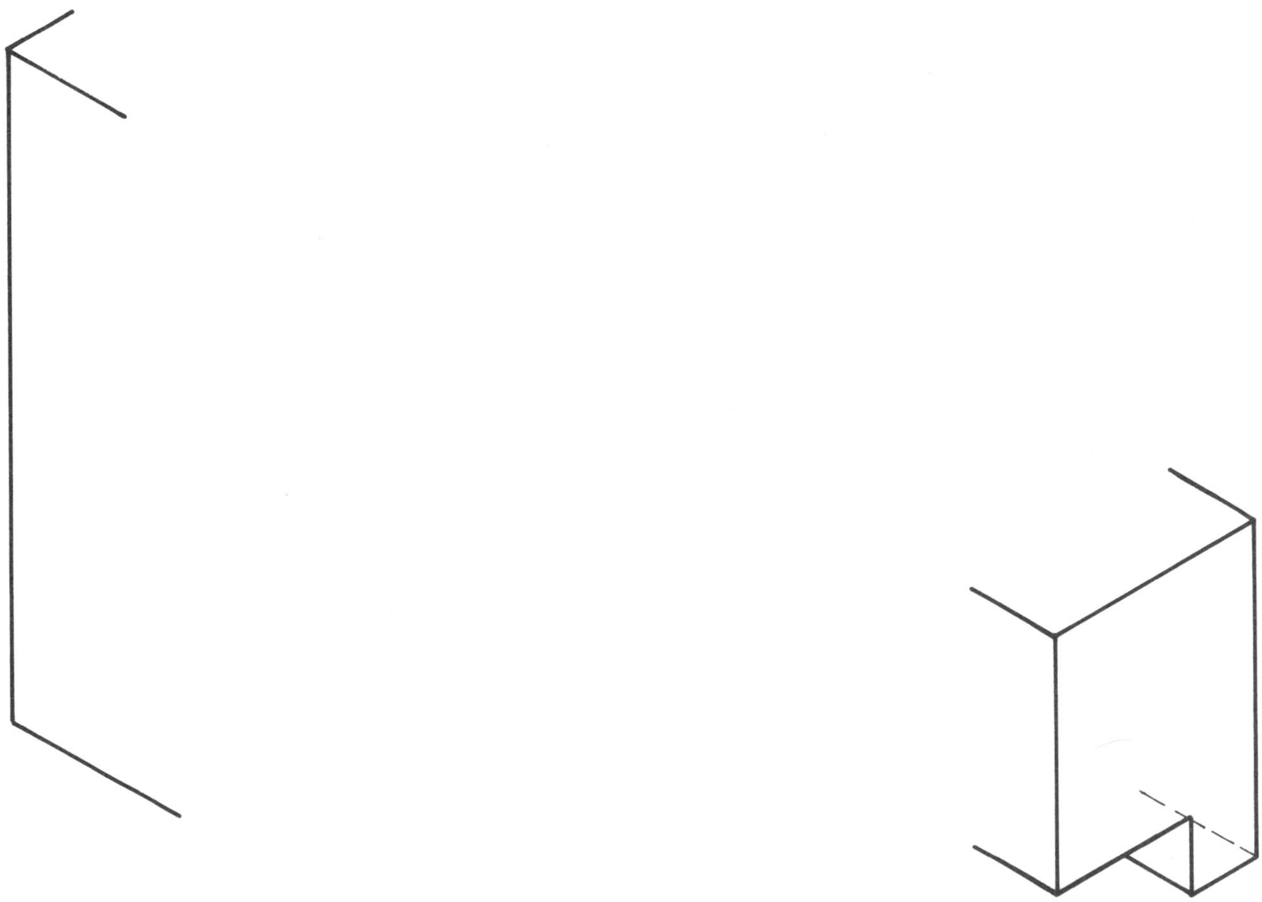

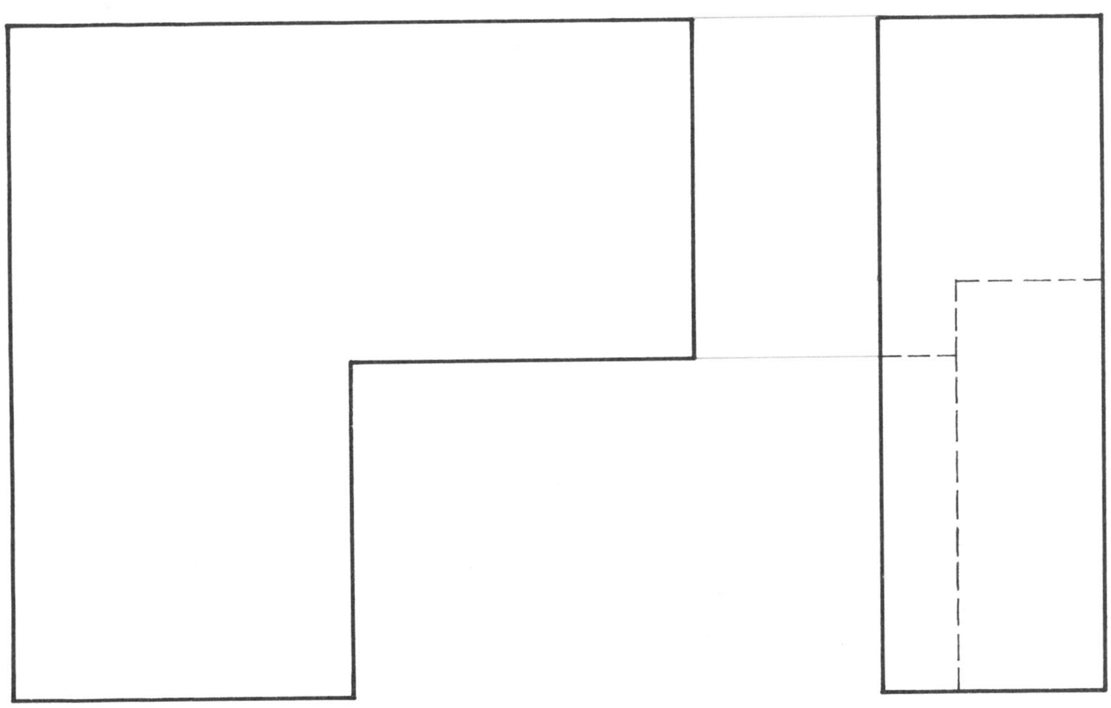

Maßstab

(→ S. 30/37)

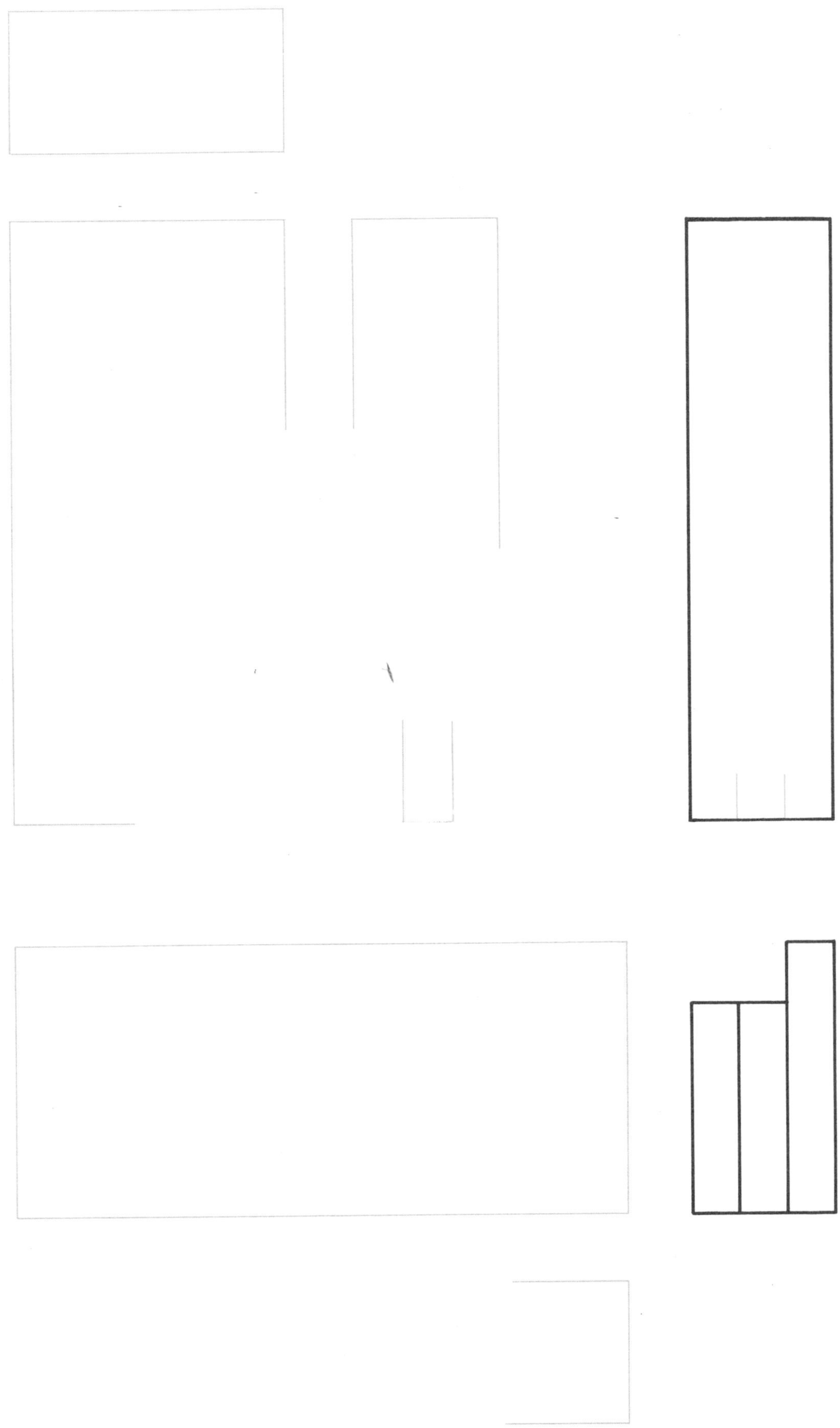

Rahmenecke verleimt (D)

Maßstab 1:1

→ S. 37.1)

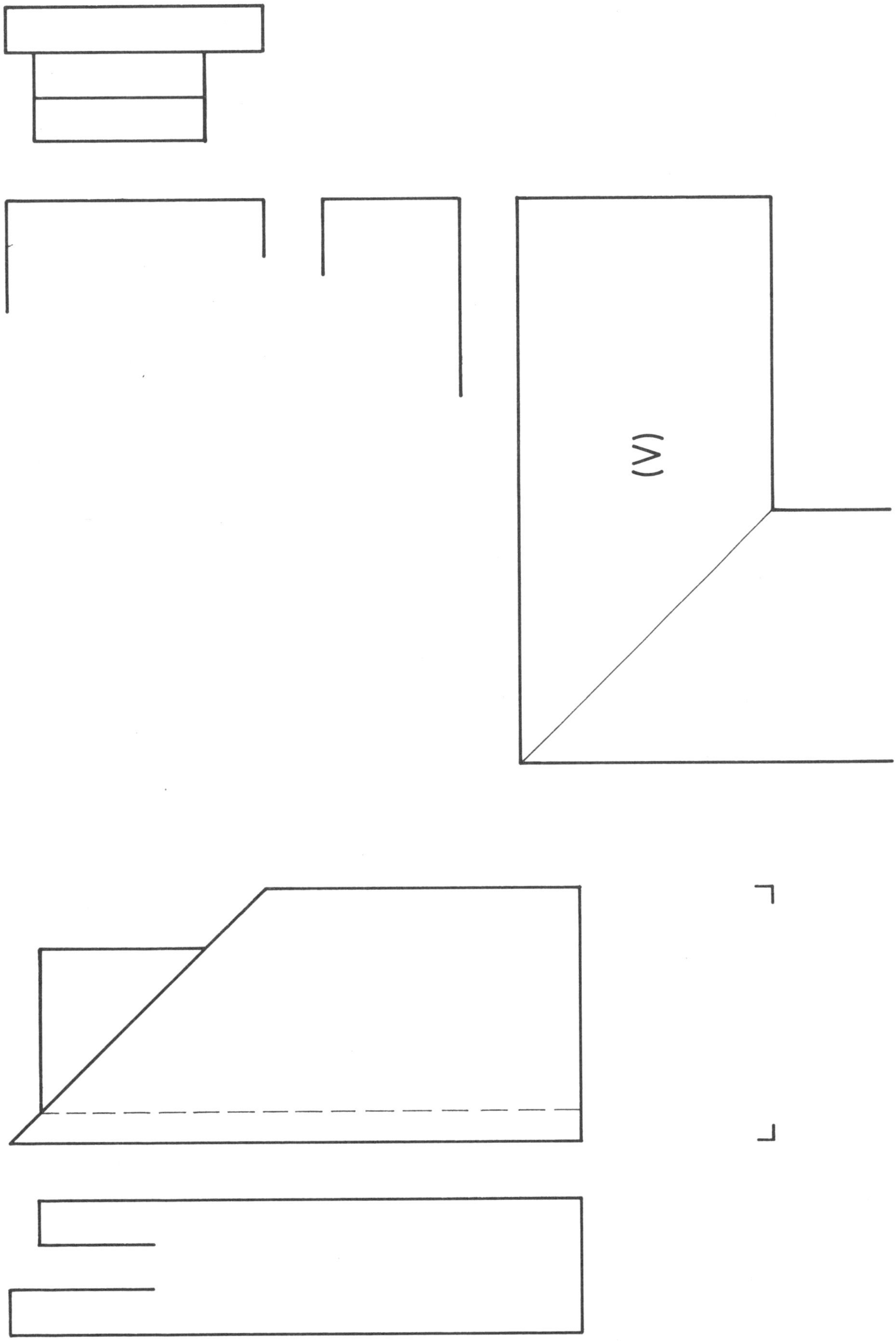

Maßstab 1:1

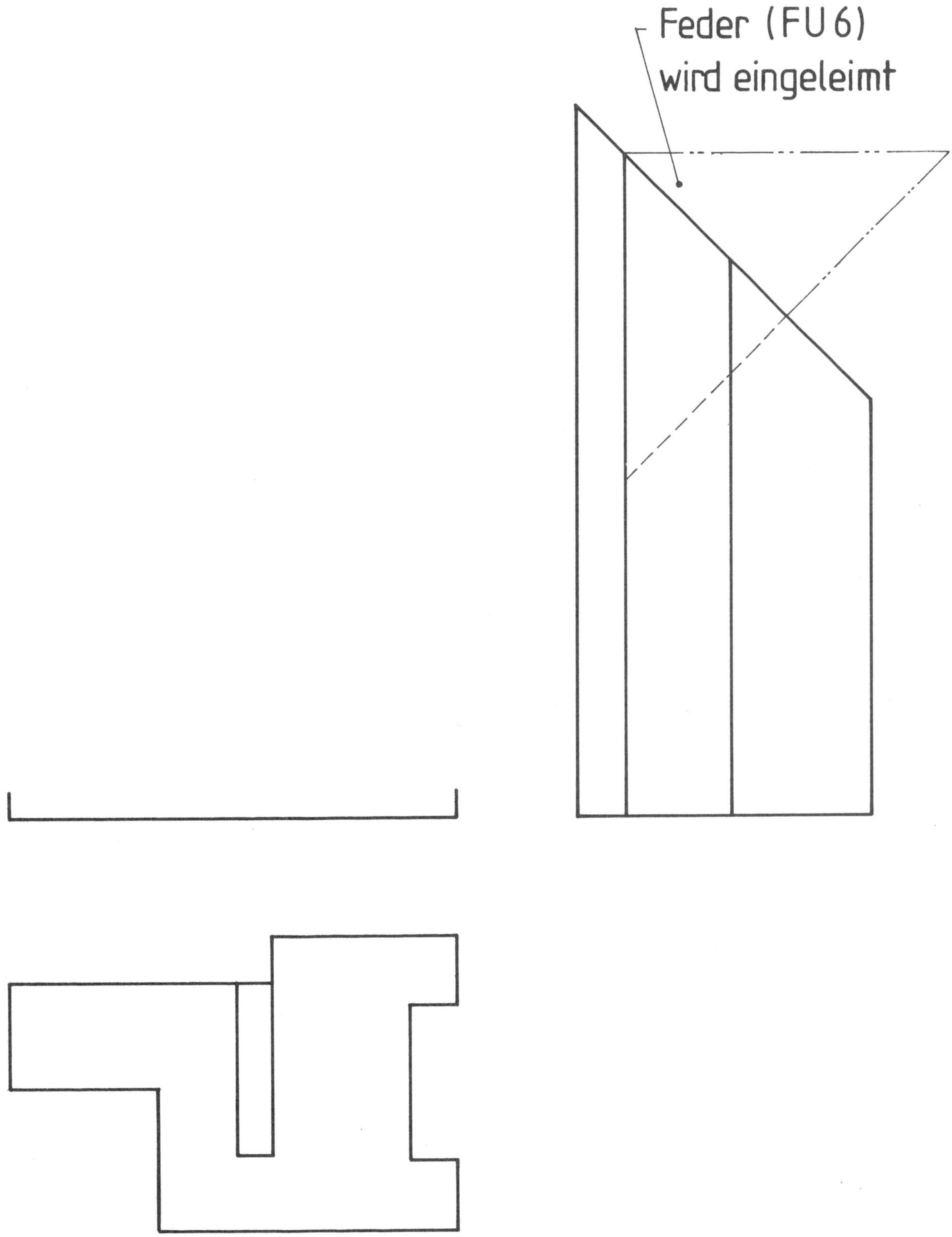

Maßstab

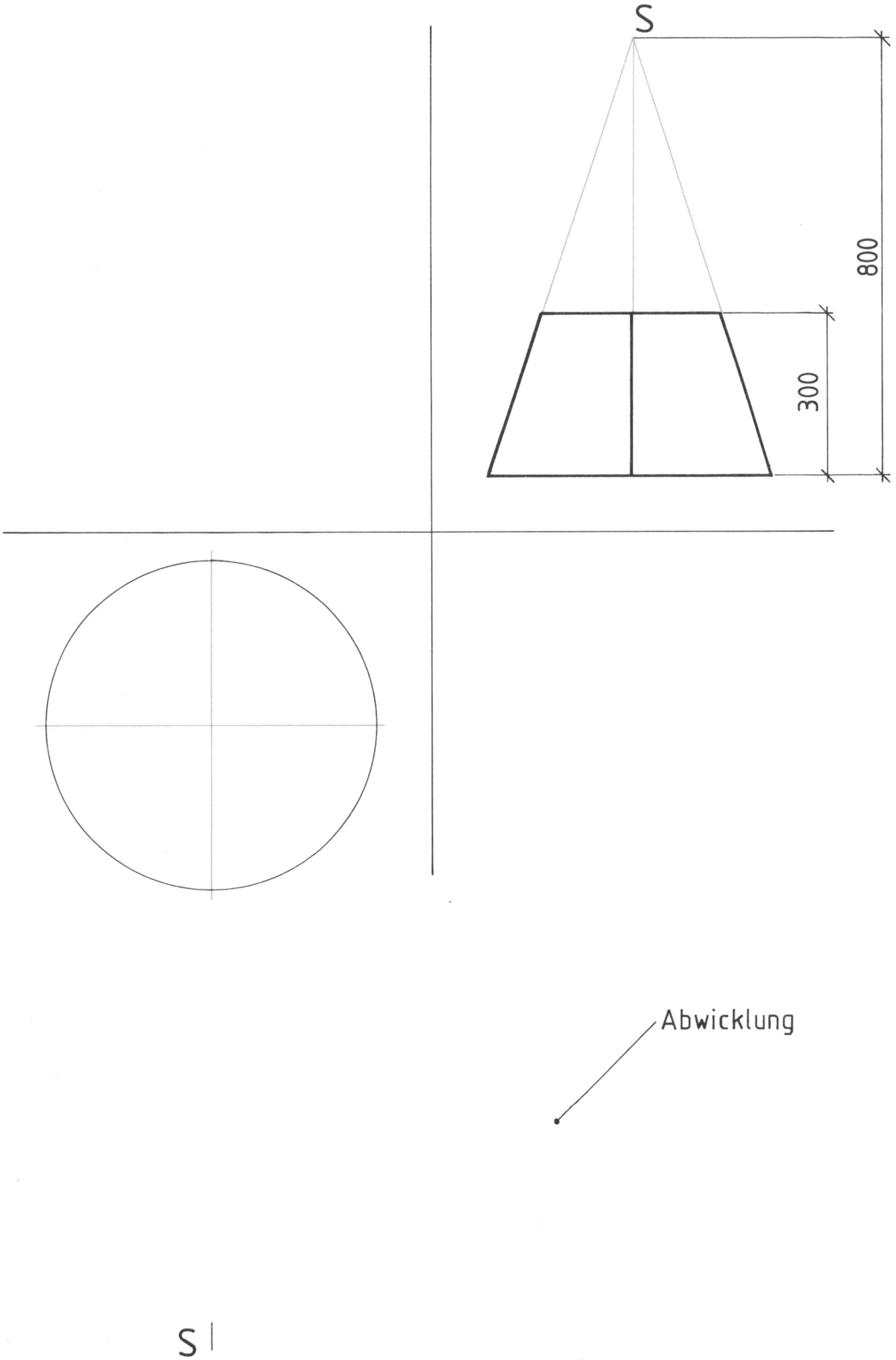

Maßstab 1:10

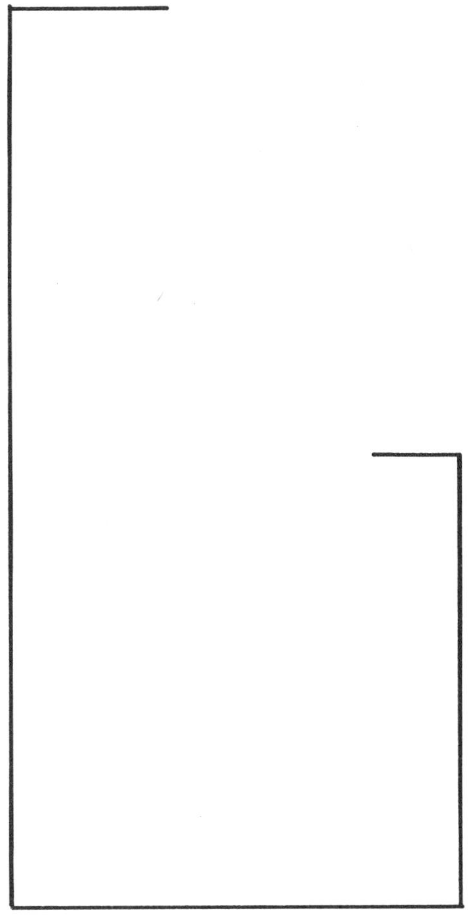

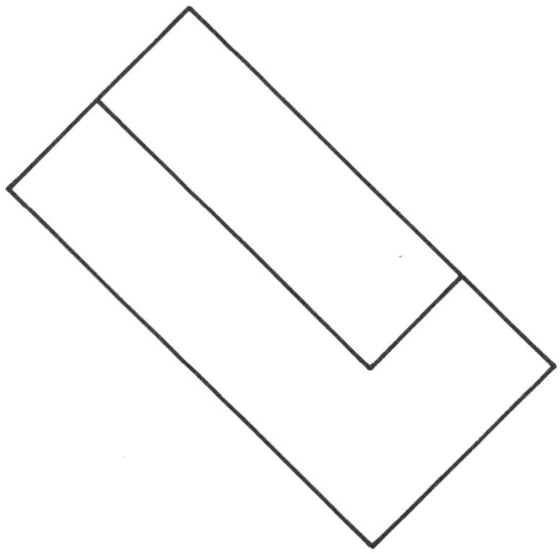

V und SL gesucht

Maßstab

① V und SL gesucht

② Draufsicht (D) gesucht

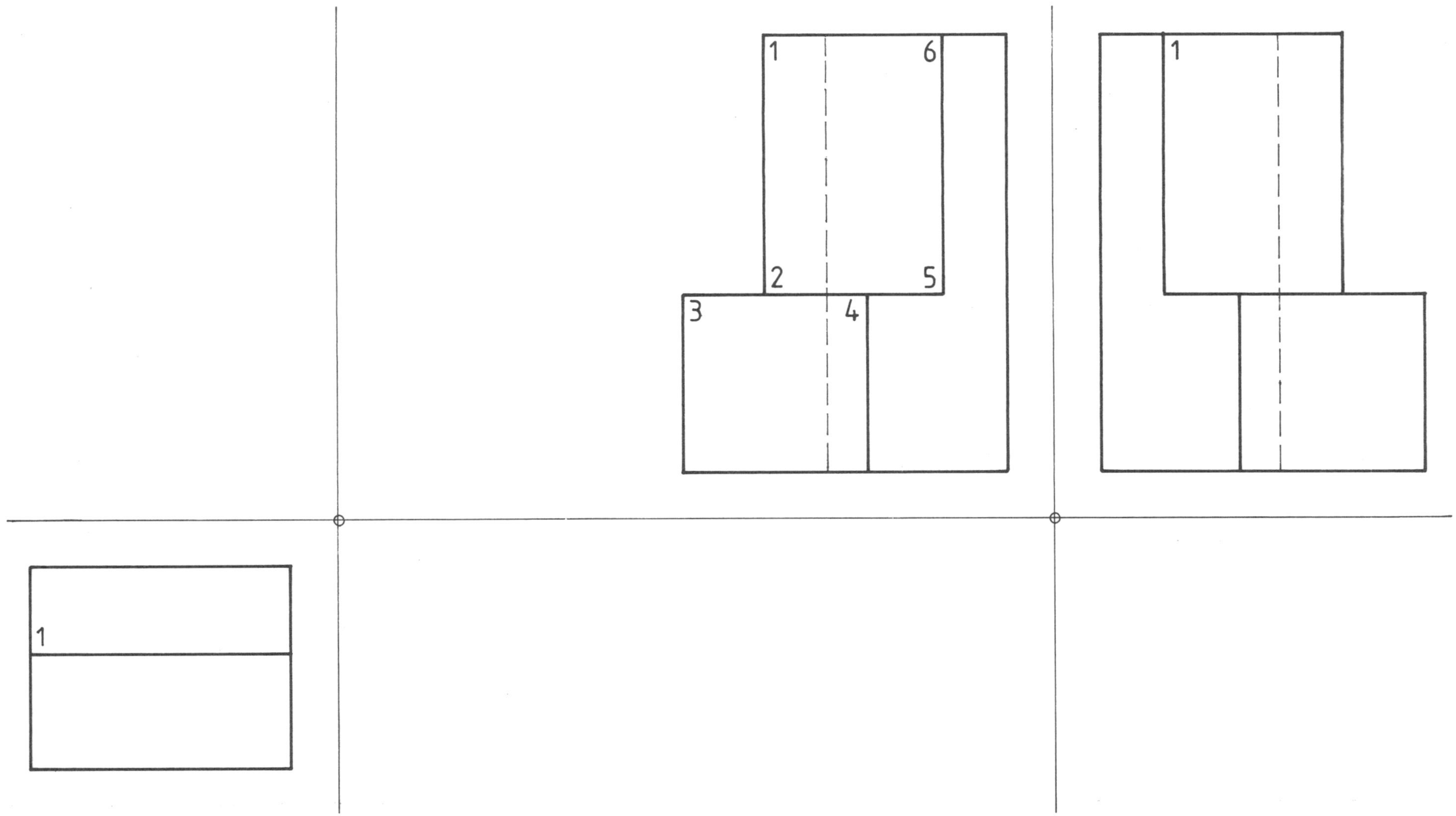

Maßstab

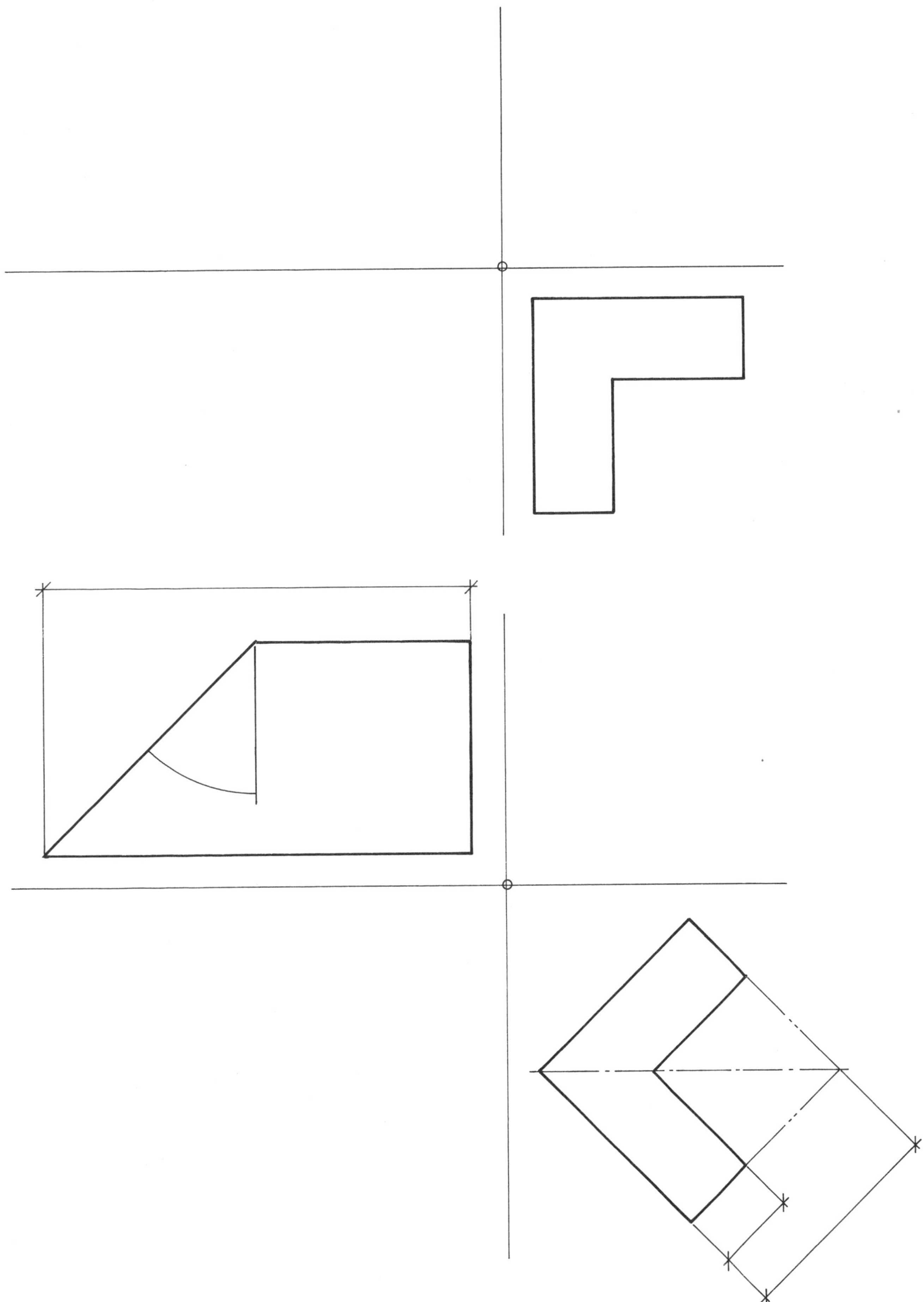

Maßstab 1:1

(→ 41.1)

① V und D gesucht

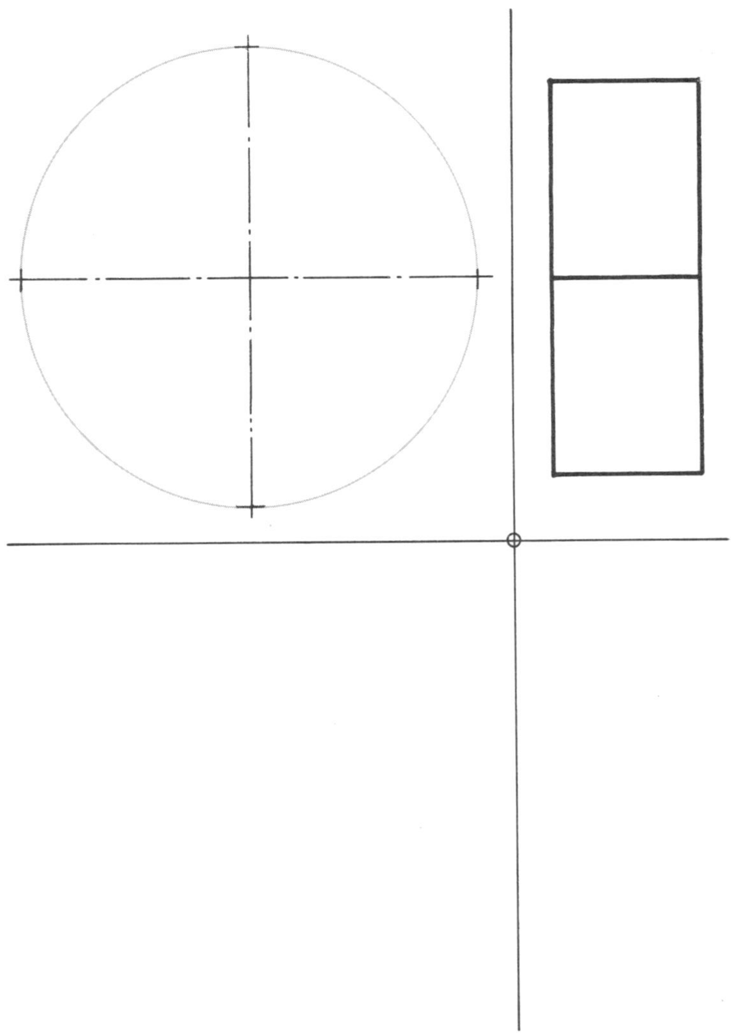

② D vervollständigen, V und SL gesucht

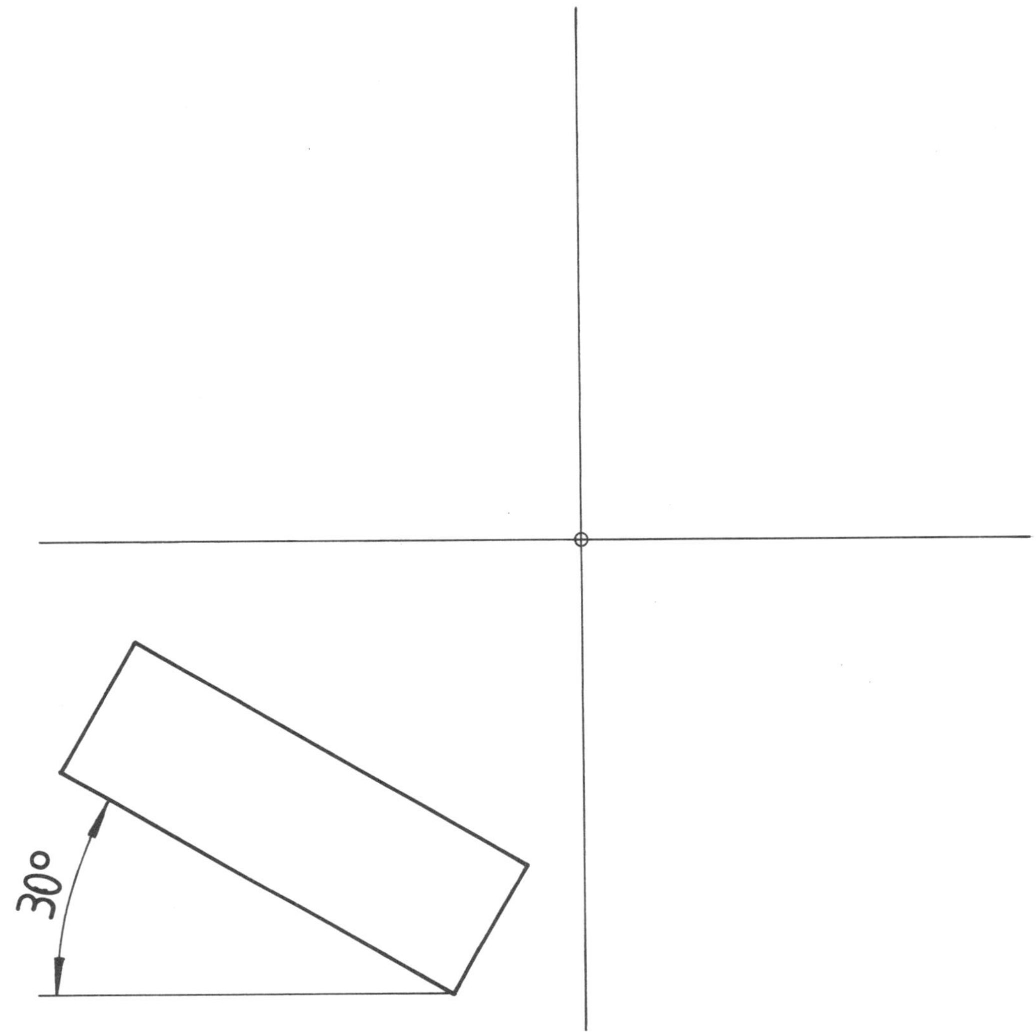

Maßstab

① Fehlende Ansichten ergänzen und bezeichnen !

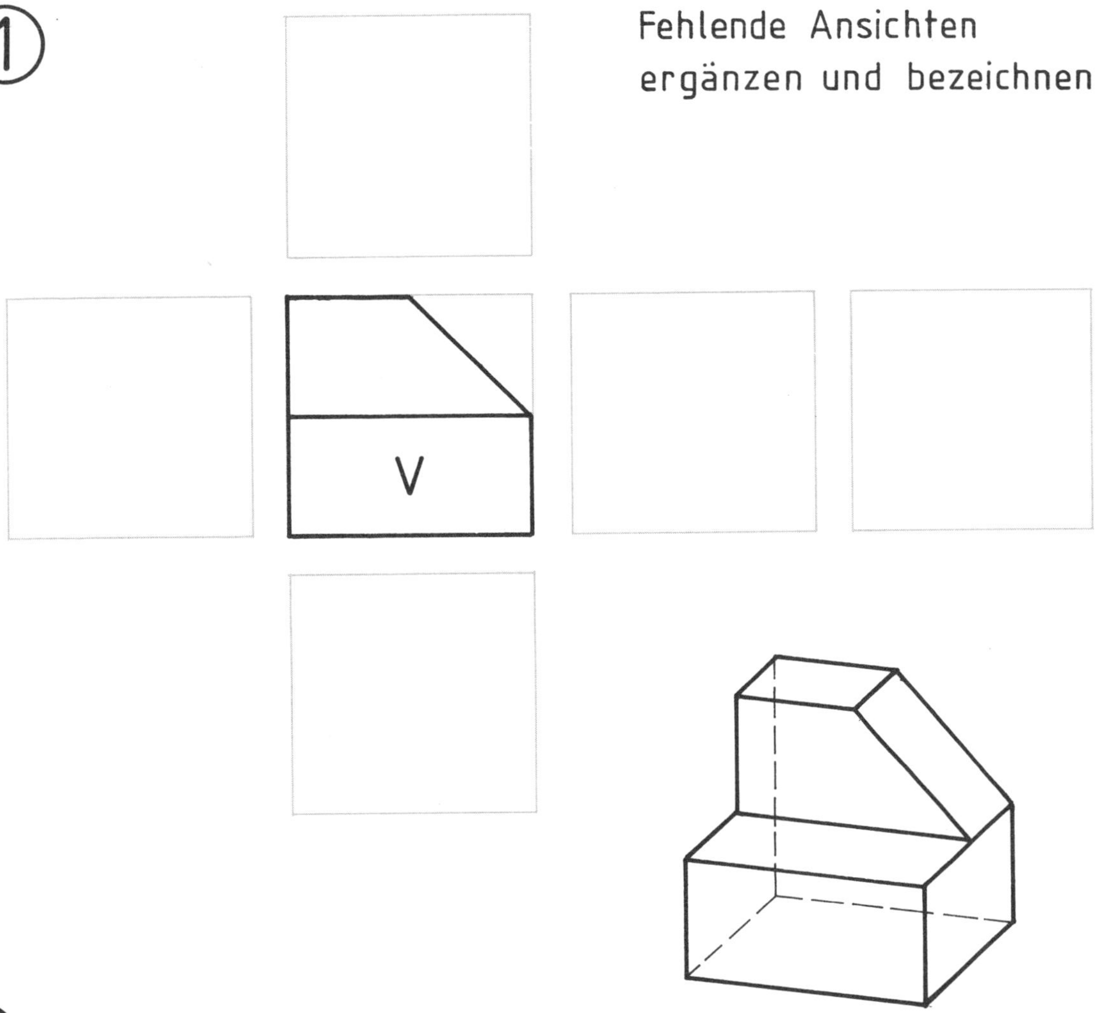

②

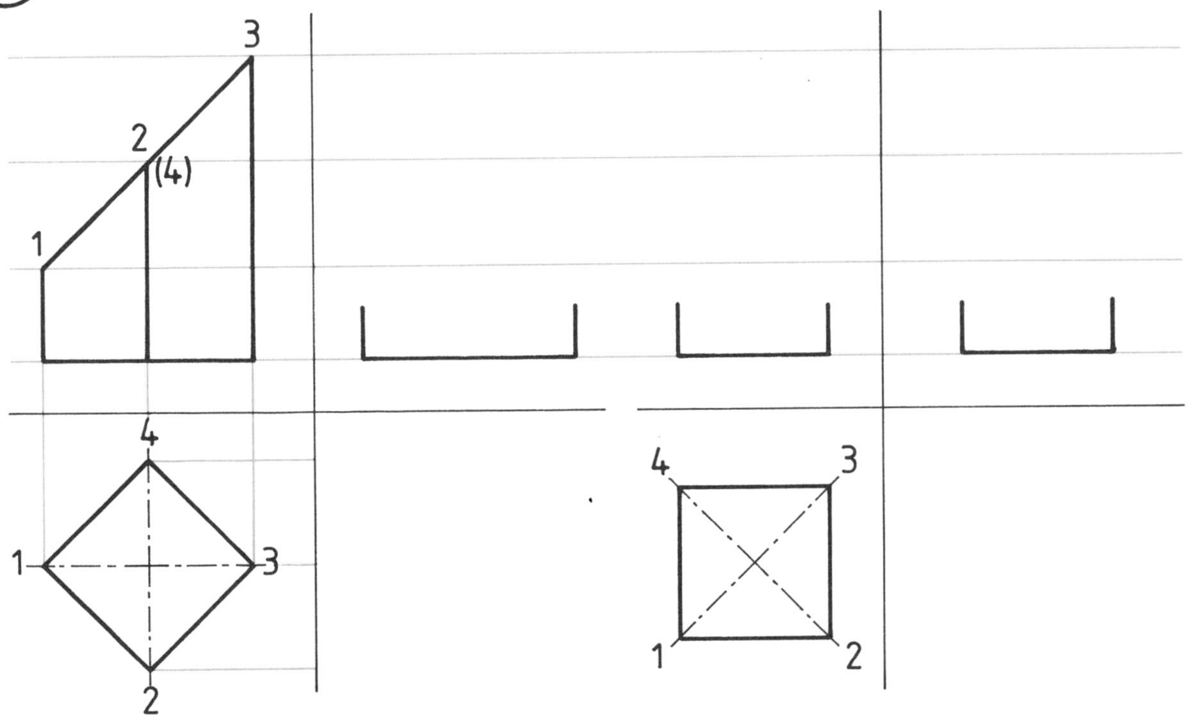

	Projektionsmethode 1 nach DIN 6
Maßstab 1:1	

(→ S. 33 ff.)

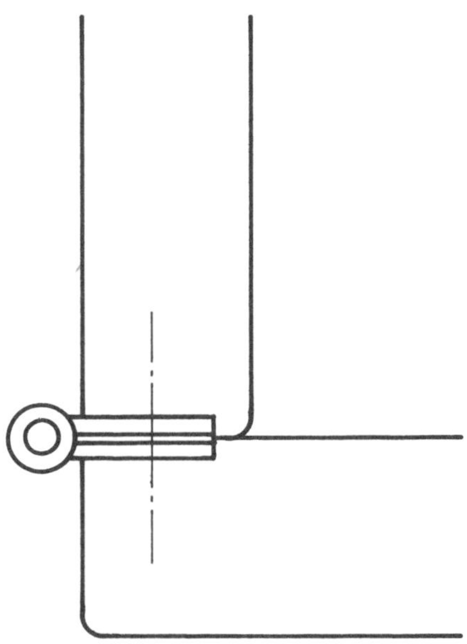

Maßstab 1:5

(→ 60.1)

Maßstab 1:5

→ 60.2)

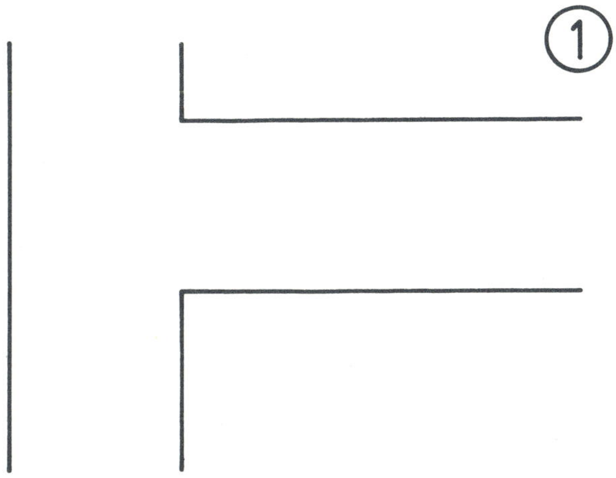

mit Sperrholzfeder

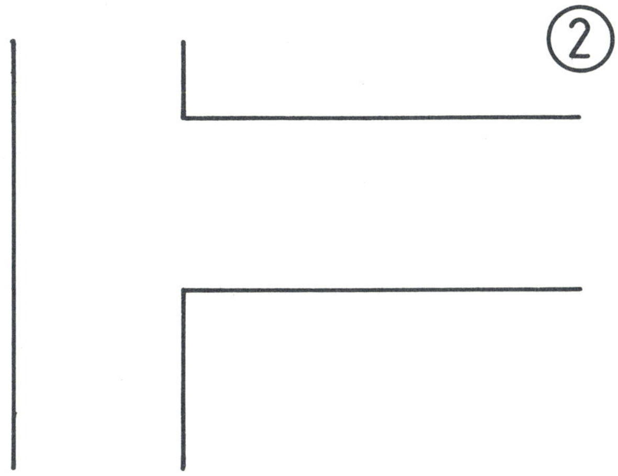

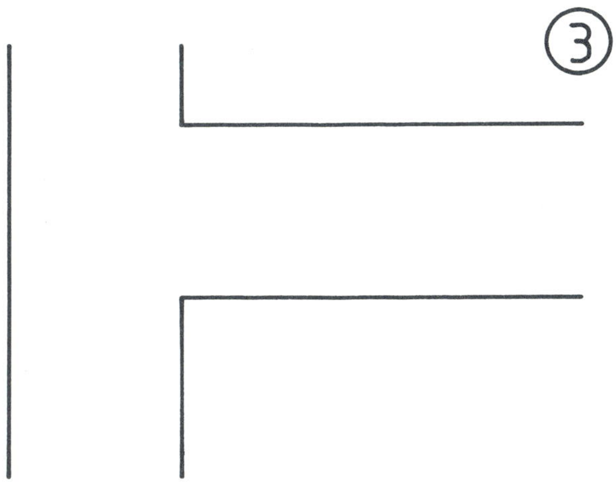

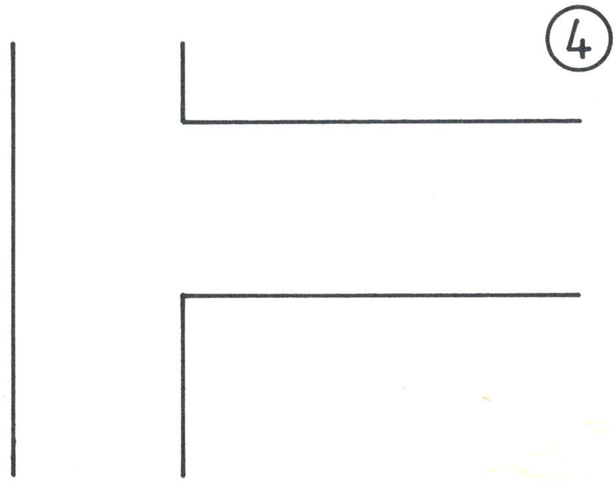

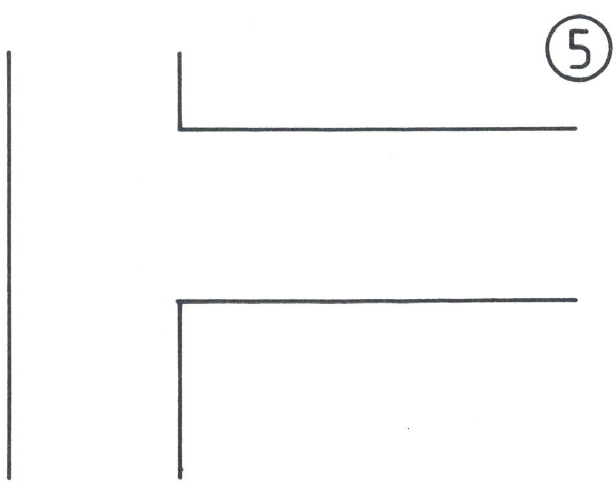

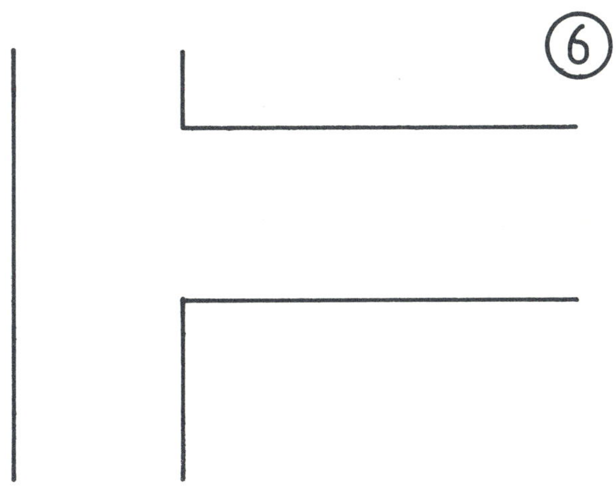

Maßstab 1:1

→ 50.3 A)

TI =

①

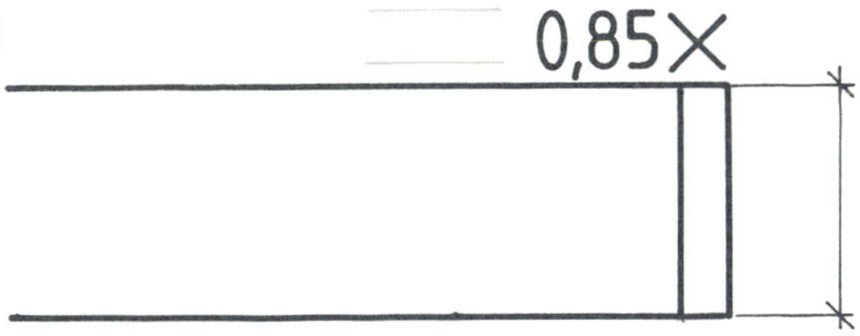

Stäbchensperrholz (   )

⑤

(ST)

FU =

②

X =

⑥

→ =

Holzspanplatten (FPY, FPO)

③

KF =

⑦

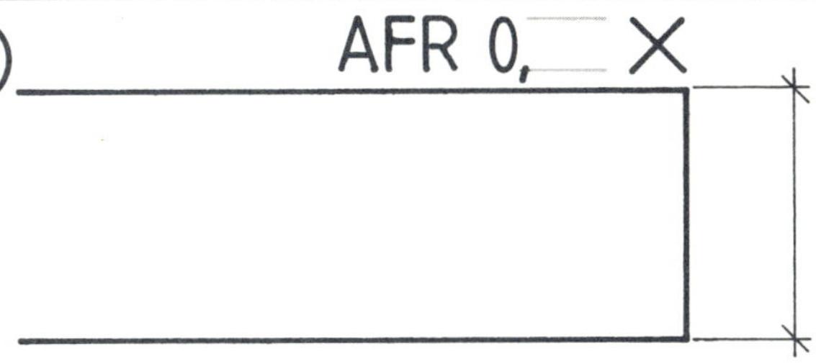

(22) =

HF =

④

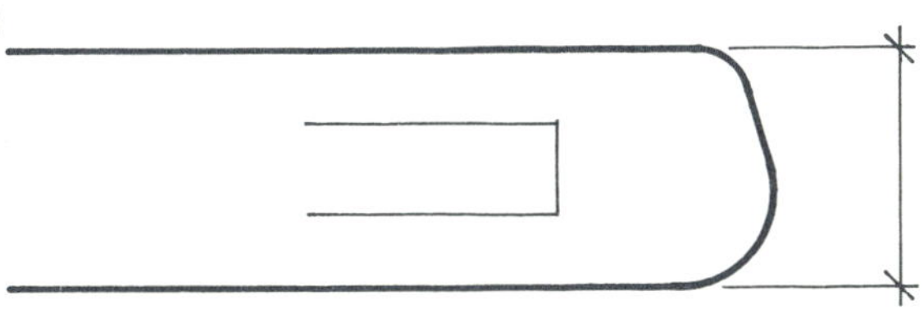

„MDF" =

⑧

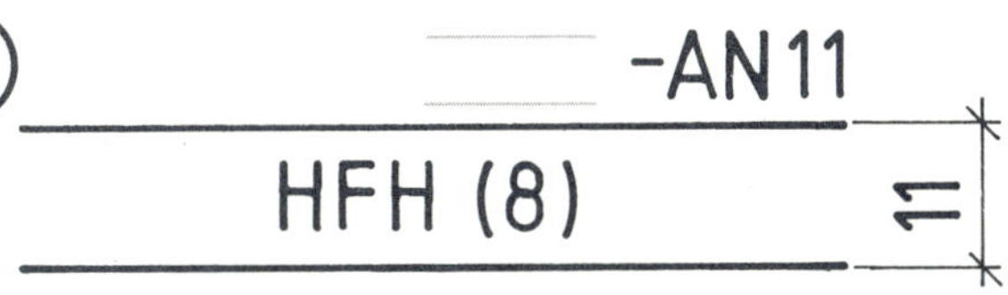

HFH =

fertig beschichtet	zu beschichten/zu furnieren

Maßstab 1:1

→ S. 47 ff.)

(1)

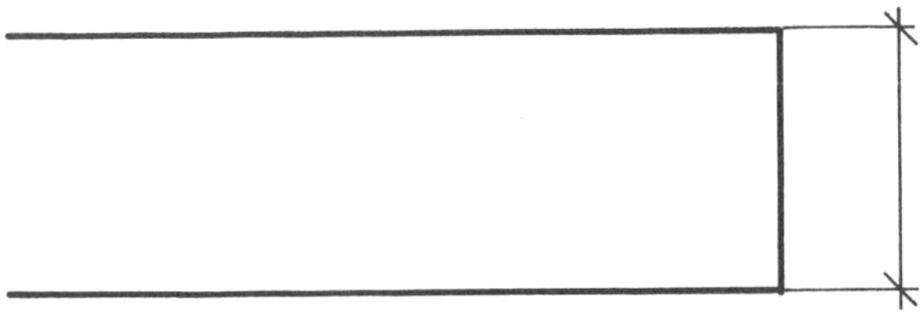

(6)

(2)

(7)

(3)

(8)

(4)

(9)

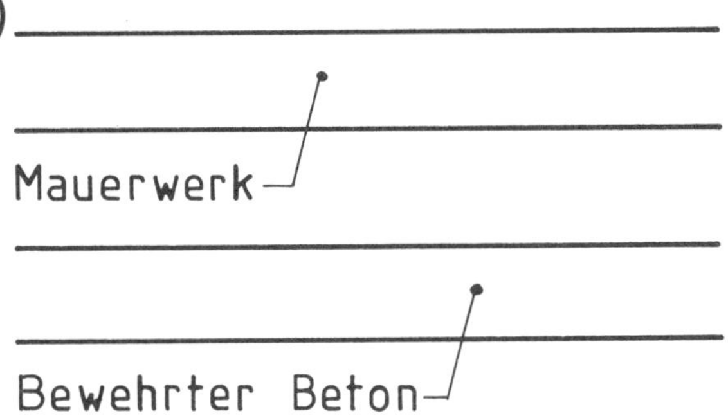

(5)

(10)

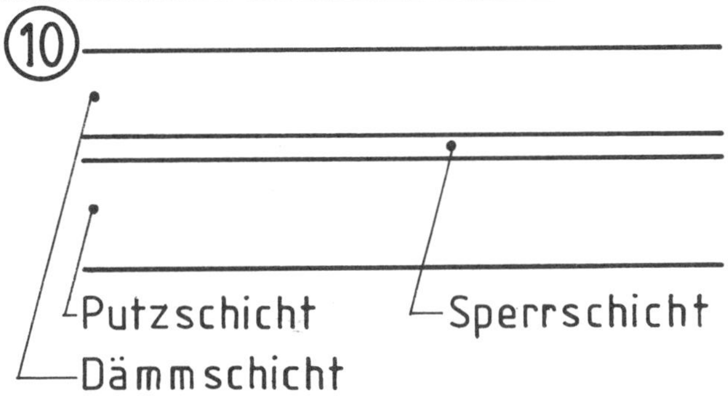

Schnittflächen

Kennzeichnen nach DIN 919 und 1356

Maßstab 1 : 1

(→ S. 48 A)

(1)

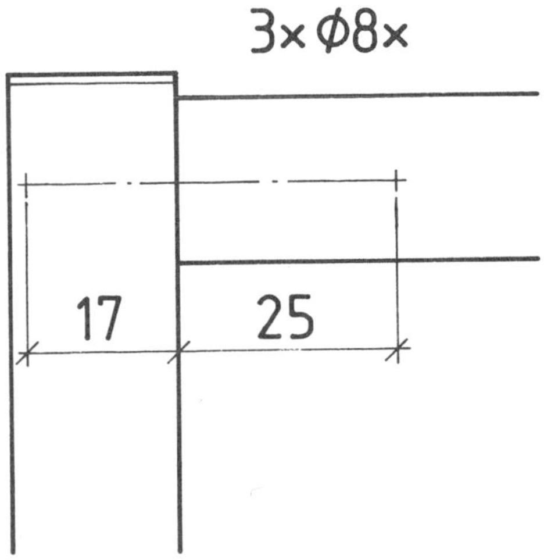

(2)

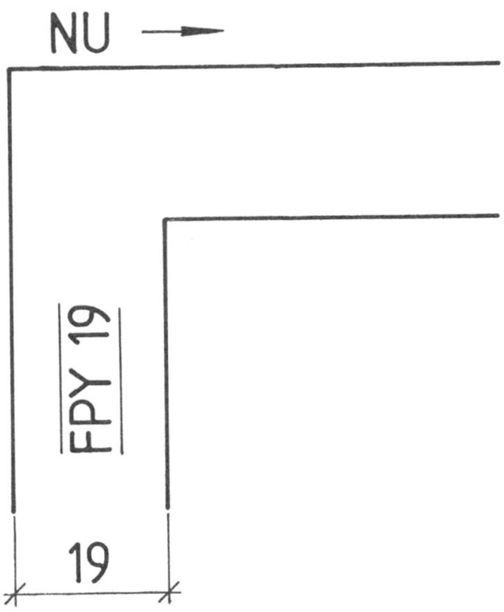

(3)

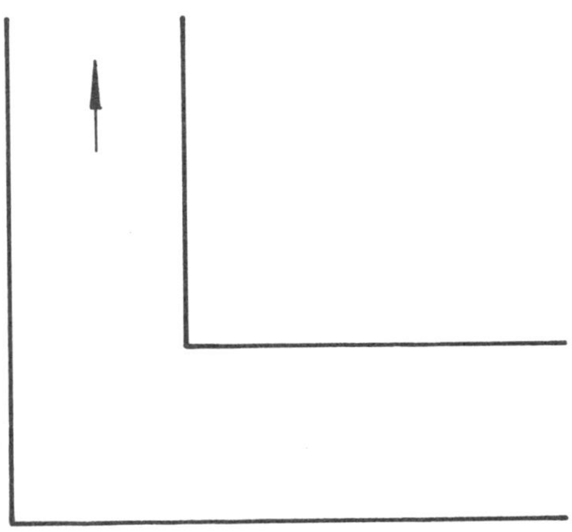

(4)

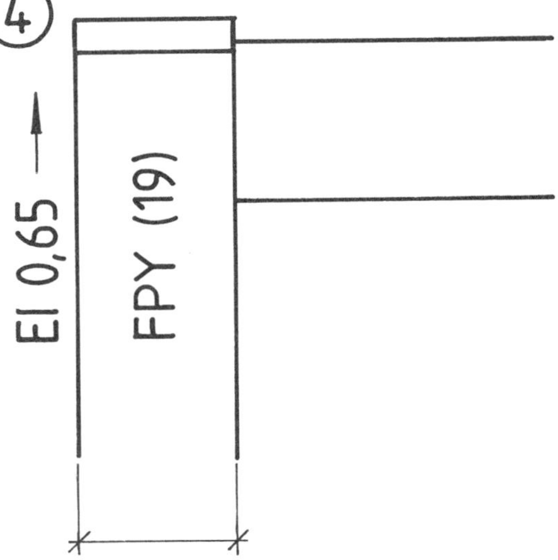

(5)

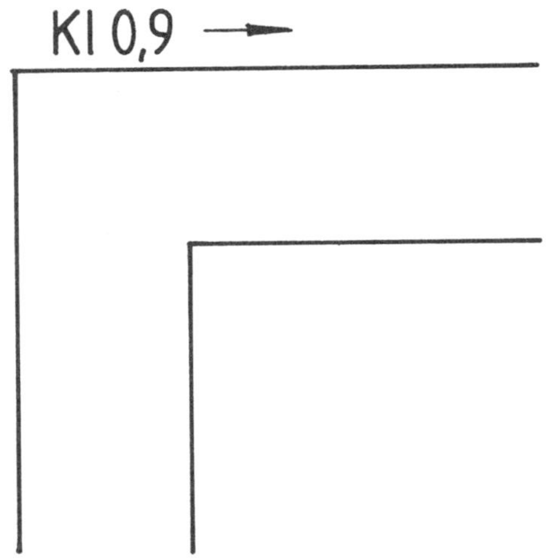

(6)

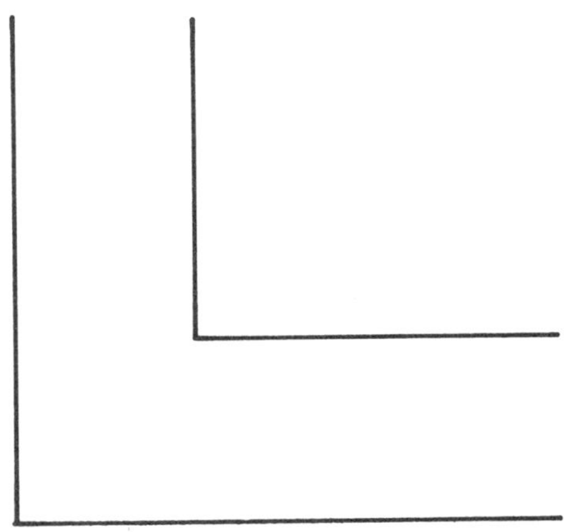

Maßstab

(→ 64.4)

1

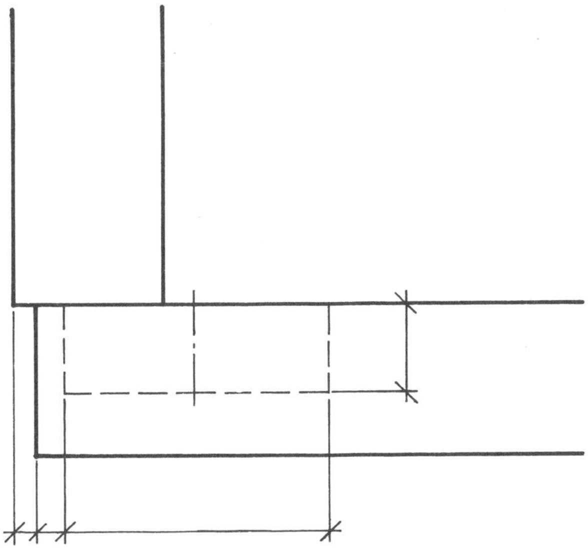

4

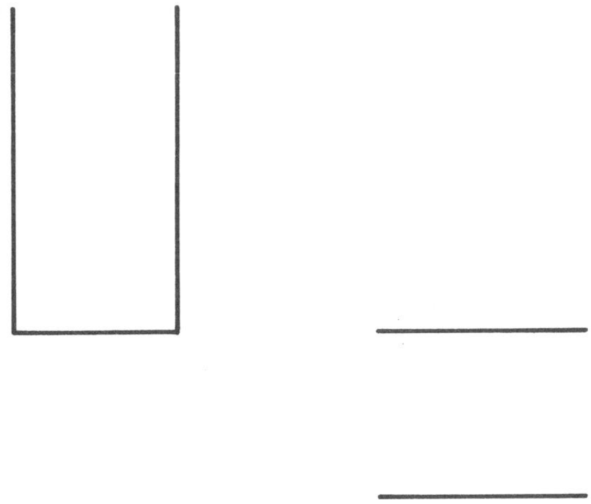

2

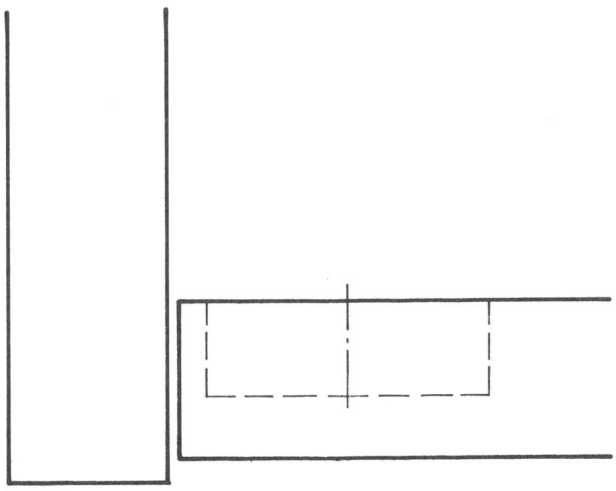

5

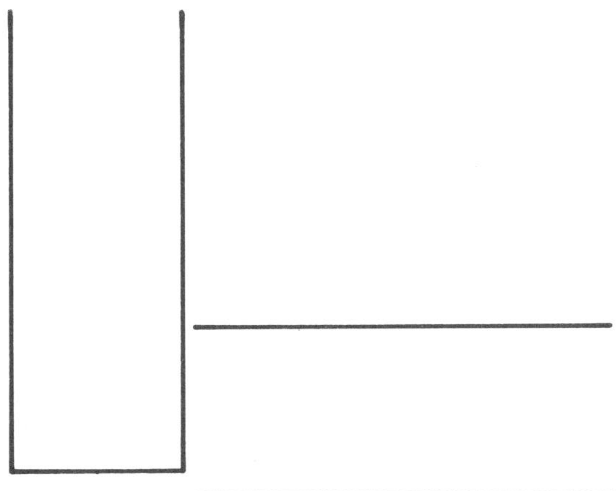

3

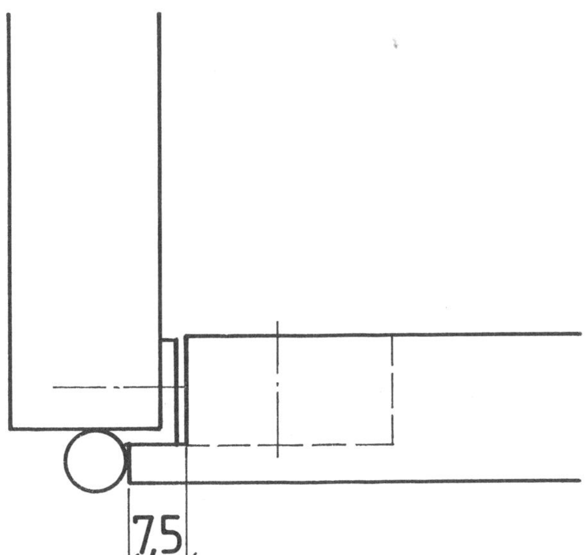

6

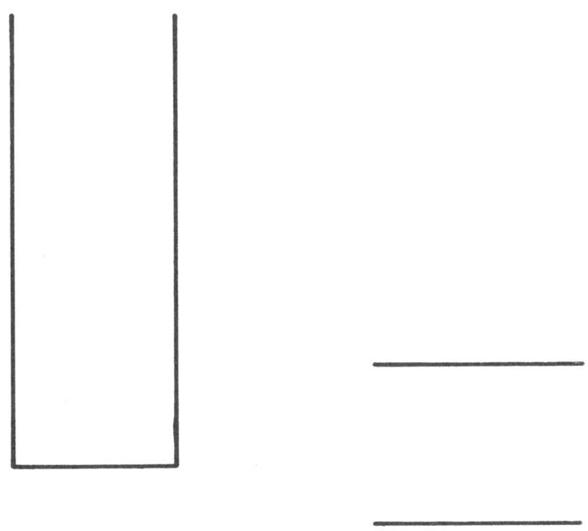

Maßstab

Z 1:1

A-A 1:1

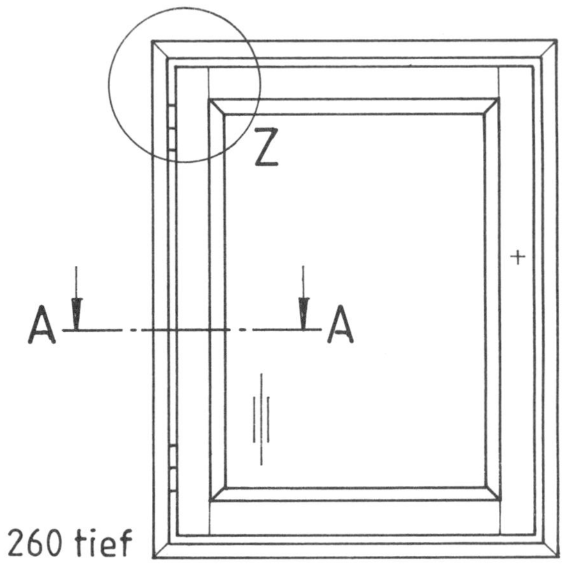

Maßstab 1:10

Stck.	Bezeichnung	Werk-stoff	Lfd. Nr.	Maße in mm Lg.	Br.	D.
			1			
			2			
			3			
			4			
			5			
			6			
	Holzschrauben		7			

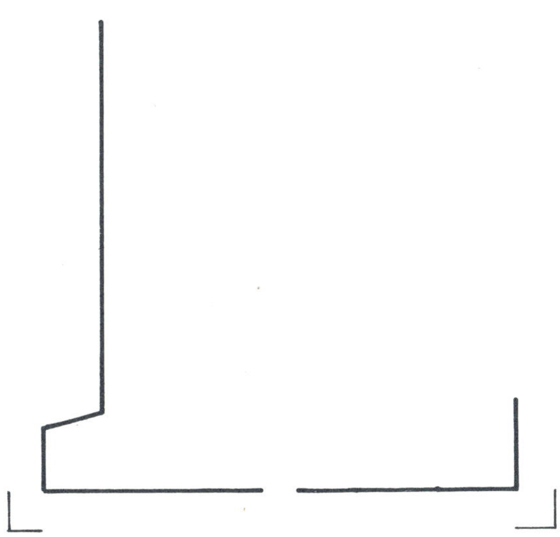

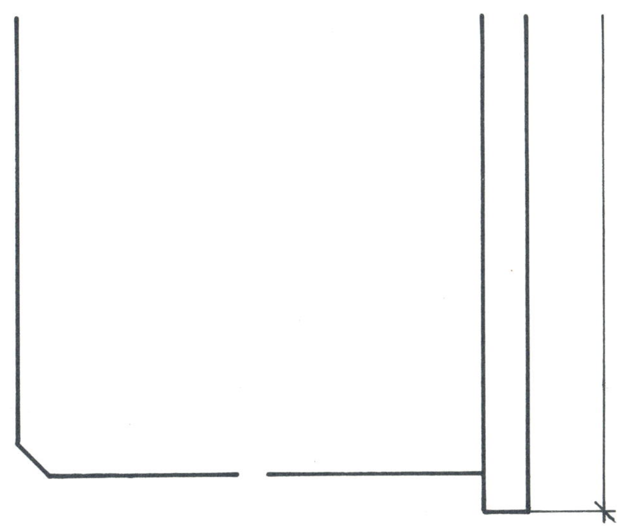

Maßstab 1:1

Schubkästen zur Anrichte (Teilschnitte)

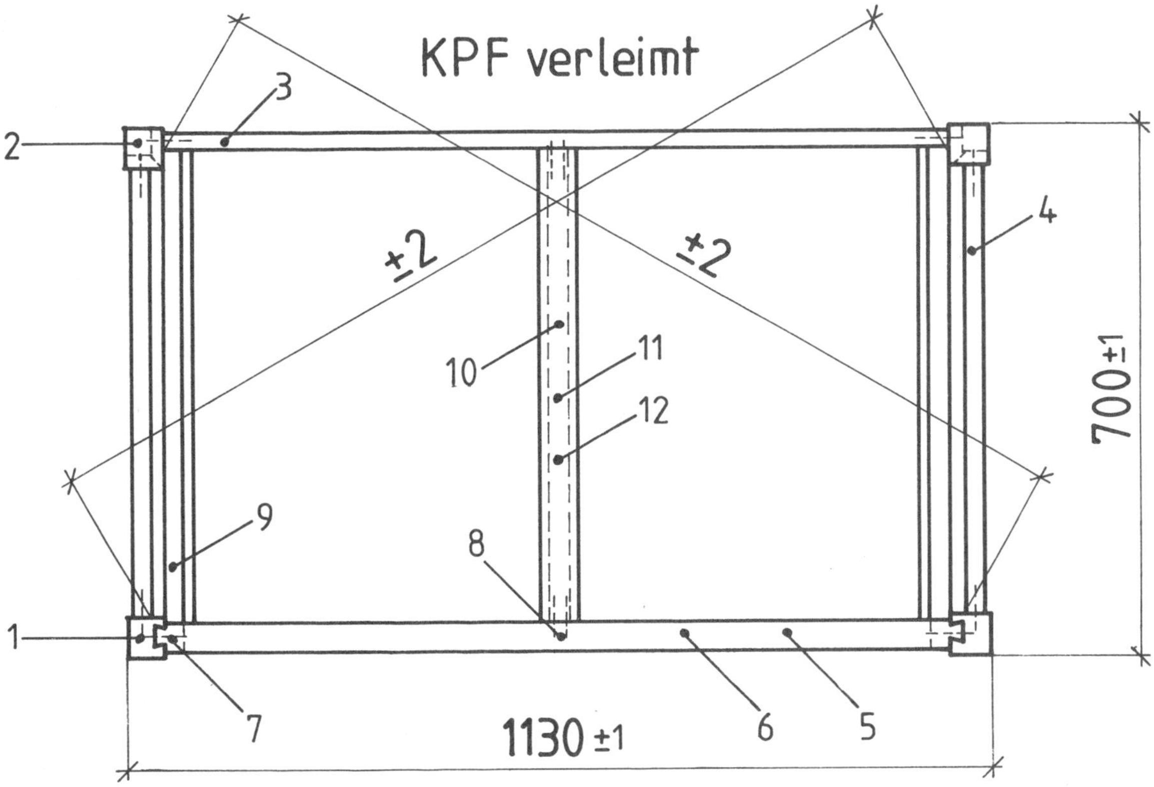

Anzahl	Bezeichnung	Zeich. Nr.	Werkstoff	Lfd. Nr.	Maße in mm Lg.	Br.	D.	kg/Stck.	Bem.
	Stollen, vorn			1					
	Stollen, hinten			2					
	Zarge, hinten			3					
	Zarge, seitlich			4					
	Travers			5					
	Aufzinker			6					
	Lisenen			7					
	Setzstück, mittig			8					
	Laufleisten, seitlich			9					
	Laufleiste , mittig			10					
	Kippleiste , mittig			11					
	Streichleiste, mittig			12					
	Holzdübel			13					
	Holzdübel			14					
	Holzdübel			15					
	Gleitnägel			16					

Stückliste zum Tischgestell

Maßstab 1:10

(→ 70.3)

A–A 1:1 – Tür stumpf aufschlagend

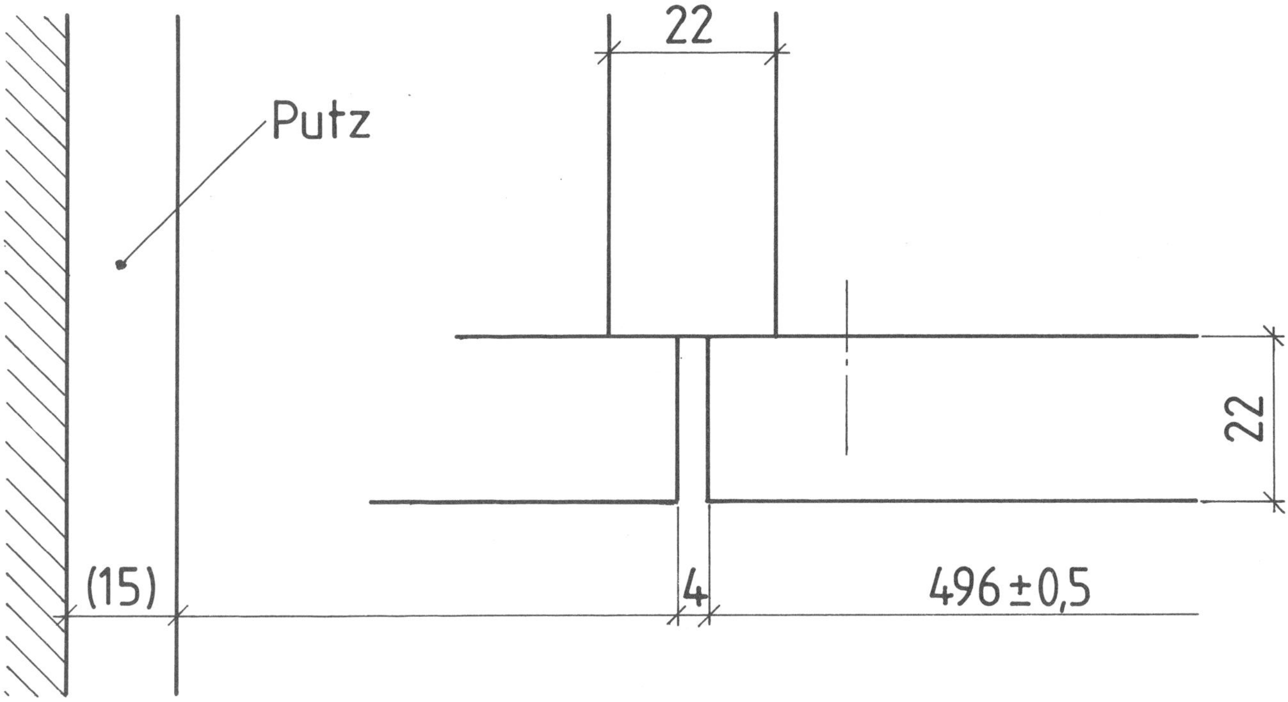

A1–A1 1:1

Tür überfälzt

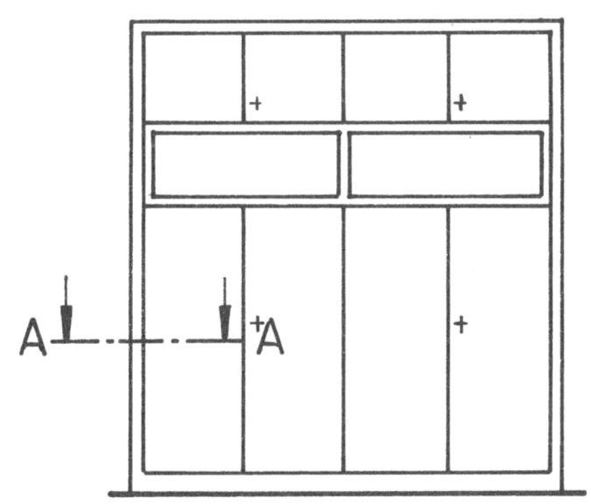

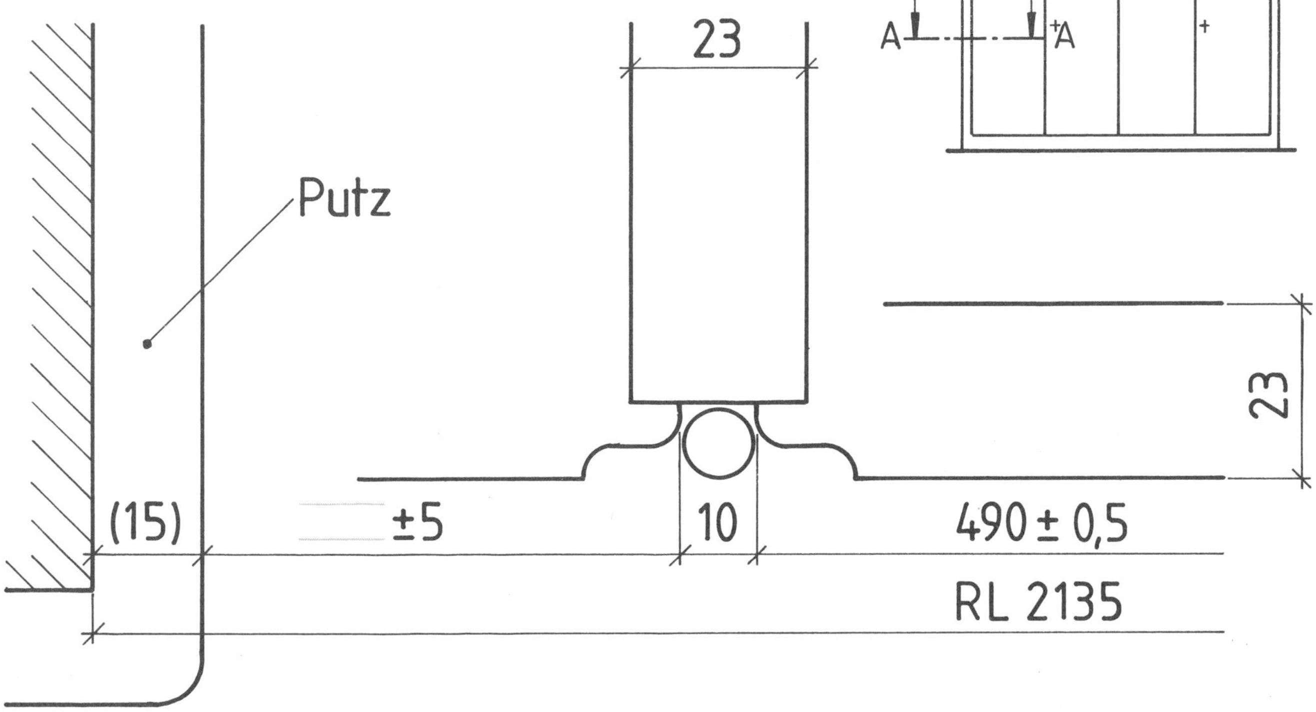

Maßstab 1:50

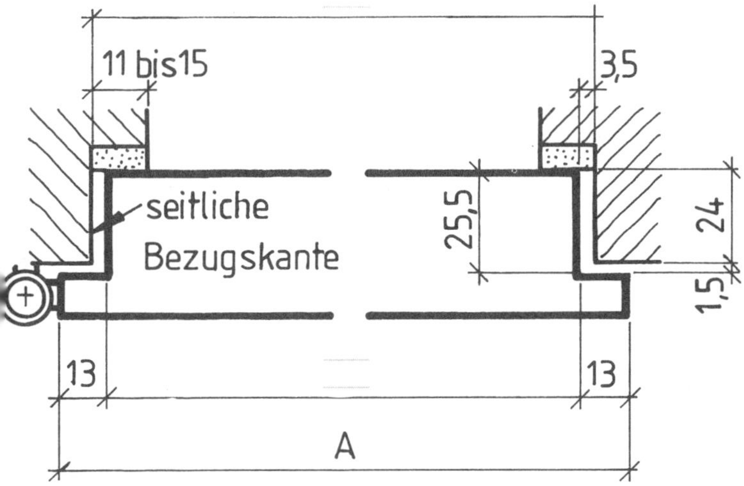

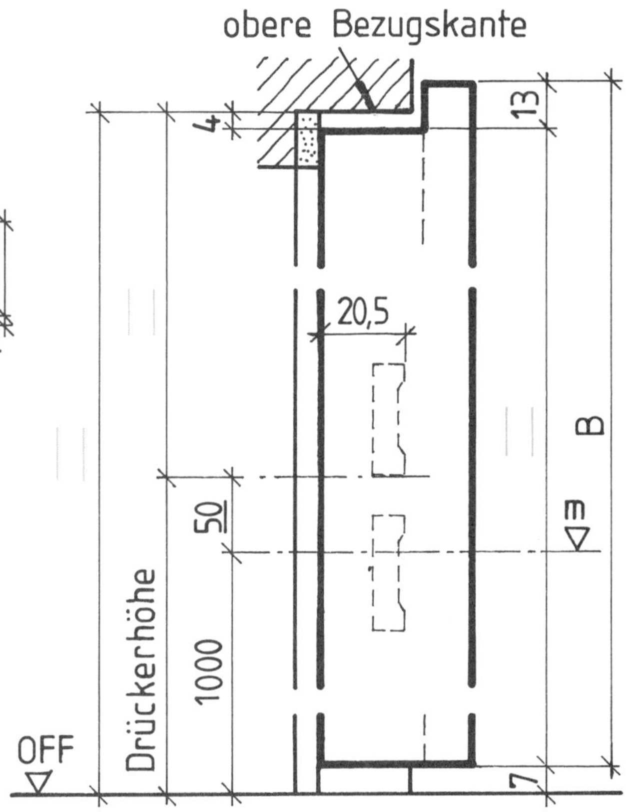

Fehlende Maßbuchstaben einsetzen!

A − 26 = C   C + 7 = F

B − 13 = D   D + 11 = G

Unterkante Fallenloch: H = G − 1050

Baurichtmaße (DIN 18100)			Türblatt				Lichte Zargenfalzmaße		
			Außenmaße		Falzmaße		Breite	Höhe	
	Kenn-Nr.	Türöffnung	A	B	C	D	F	G	H
1	7×15								
2	5×16								
3	6×16								
4	7×16	875×2000	860	1985	834	1972	841	1983	933
5	8×16								
6	6×17								
7	7×17								
8	8×17								
9	9×17								
Zweiflügelige Türen (A durch Brettaufriß ermitteln) – Normgrößen –									
–	14×16								
–	16×16								

Wohnungstüren

Vorzugsmaße nach DIN 18101

→ 77.1)

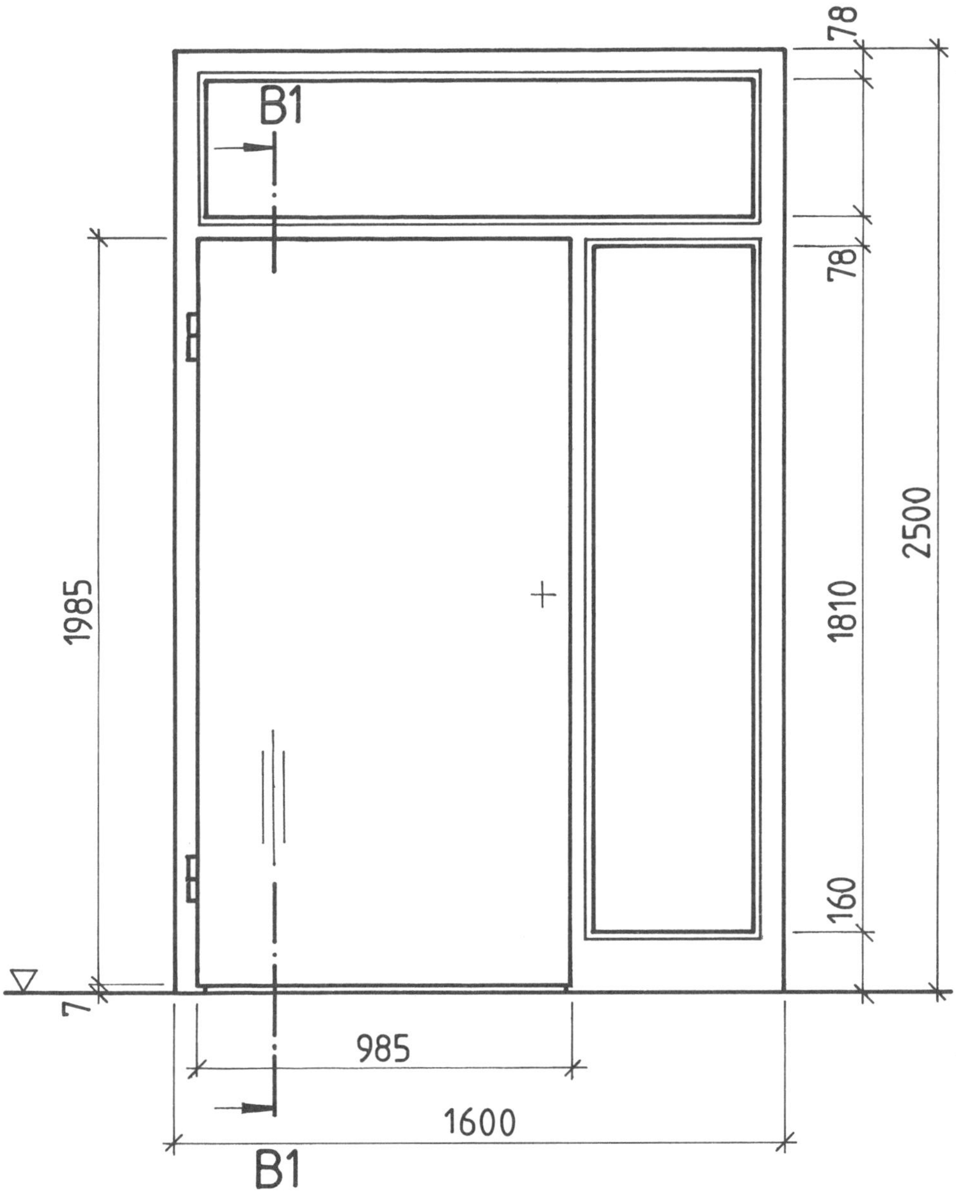

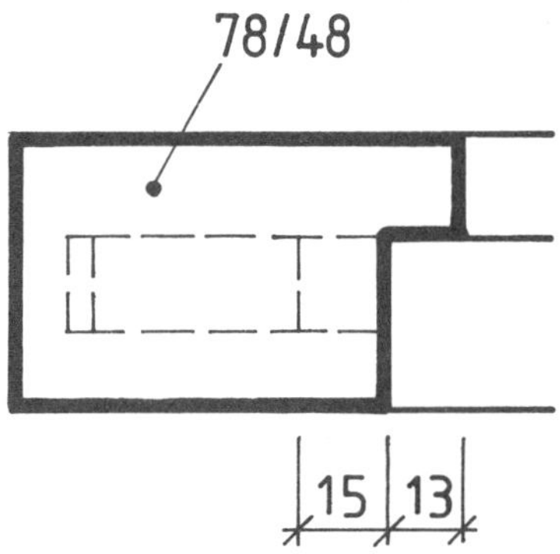

1. Stückliste aufstellen 2. Schnitt B1 – B1 auf A4 (1:1)

An-zahl	Bezeichnung	Werkst.	Lfd. Nr.	Maße in mm			Bem.
				Lg.	Br.	D.	
1	Türblatt, gefälzt	Sperrtür	1			42	Falz 13×25,5
2	Rahmenholz, aufrecht	MAU	2				
			3				
			4				
			5				
	Holzdübel	BU	6		–	⌀ 16	Form A

Maßstab 1:20

→S. 78 ff.)

B1-B1

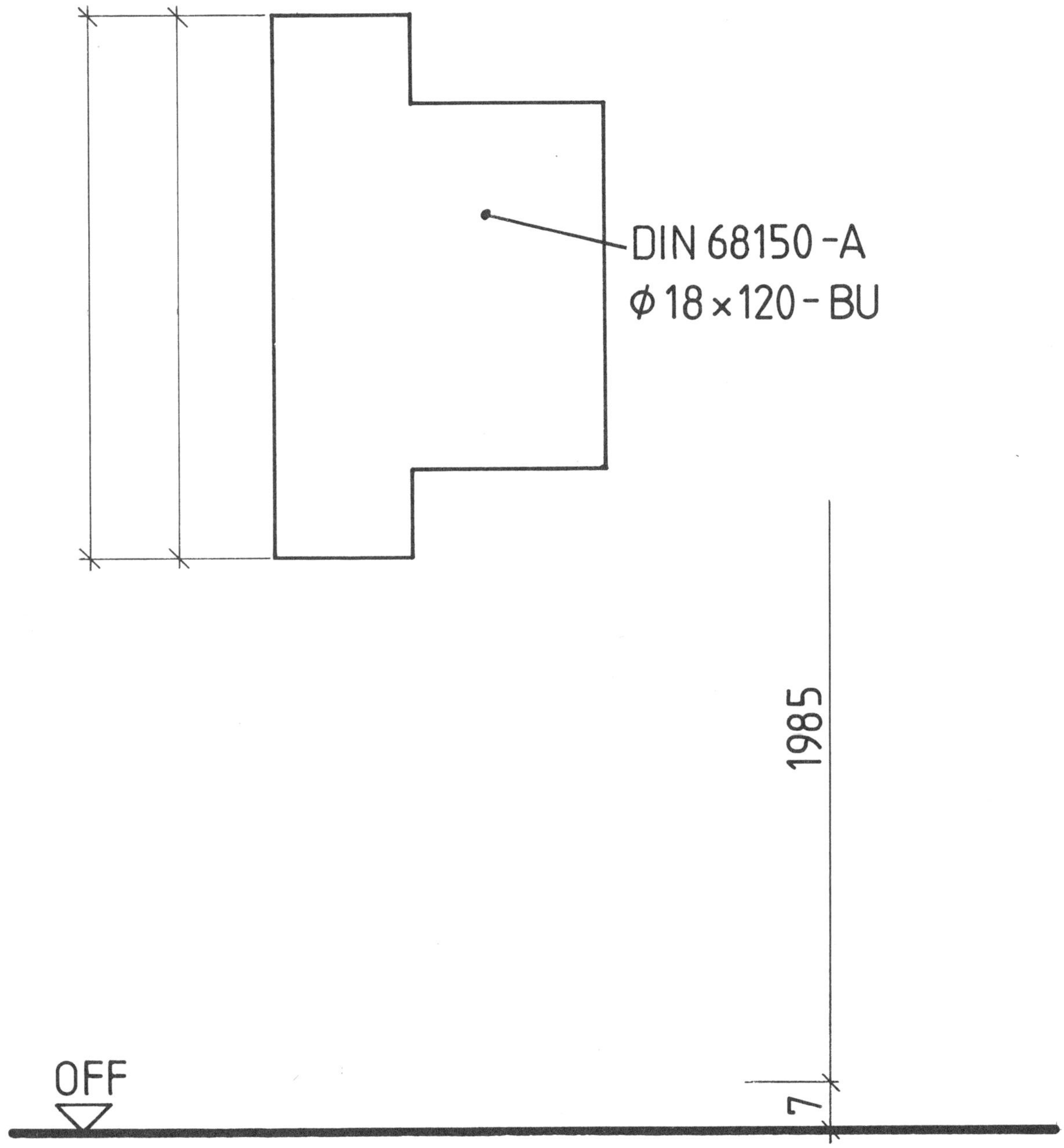

Maßstab

→ S. 79 ff.)

Gestalten von einflügl. Hauseingangstüren

Maßstab 1:20

(→ 84 ff.)

IV 68/78 – MA Kennummer 16 × 10

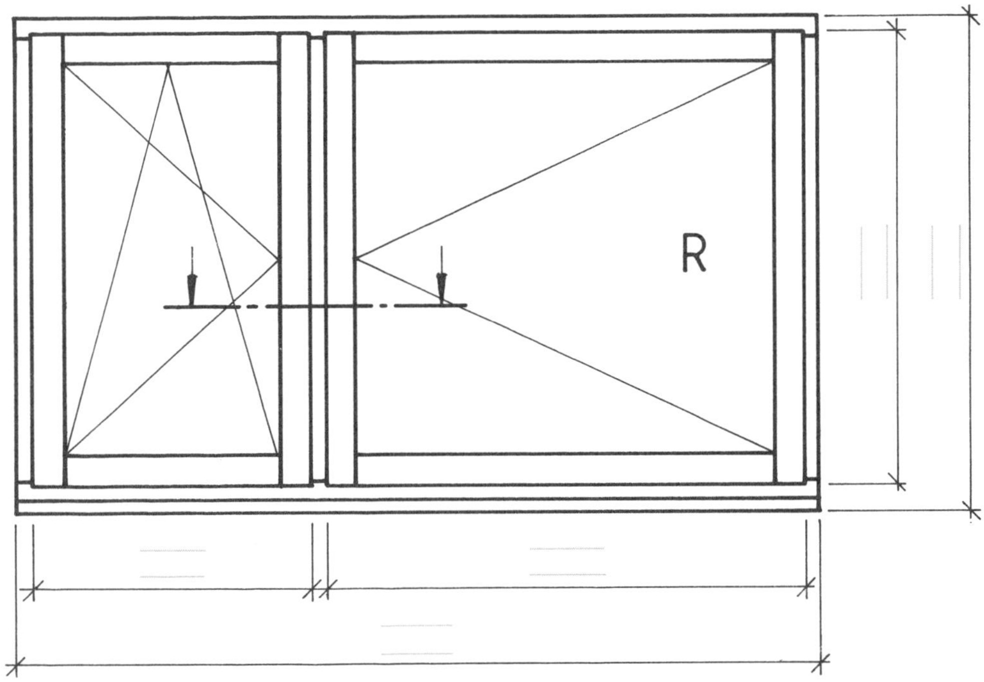

M. 1:1

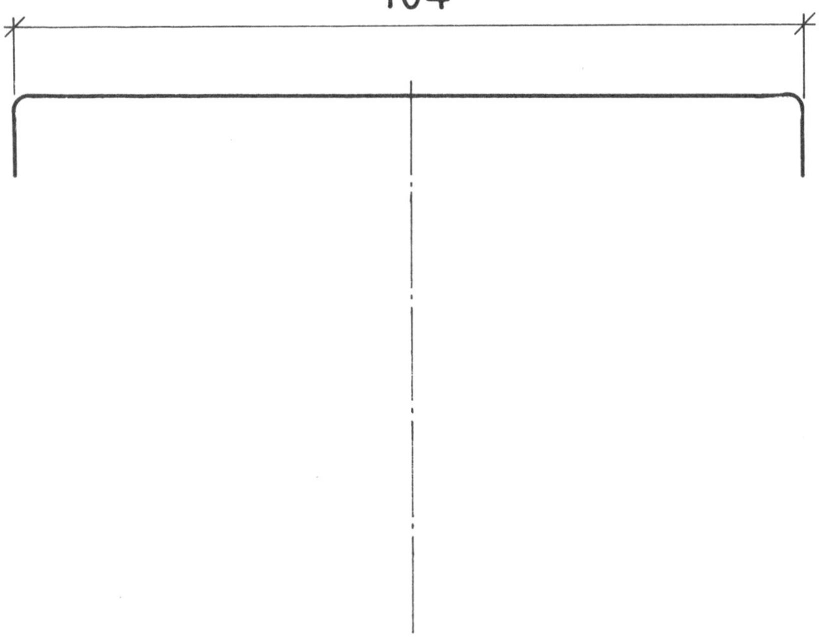

Maßstab 1:20

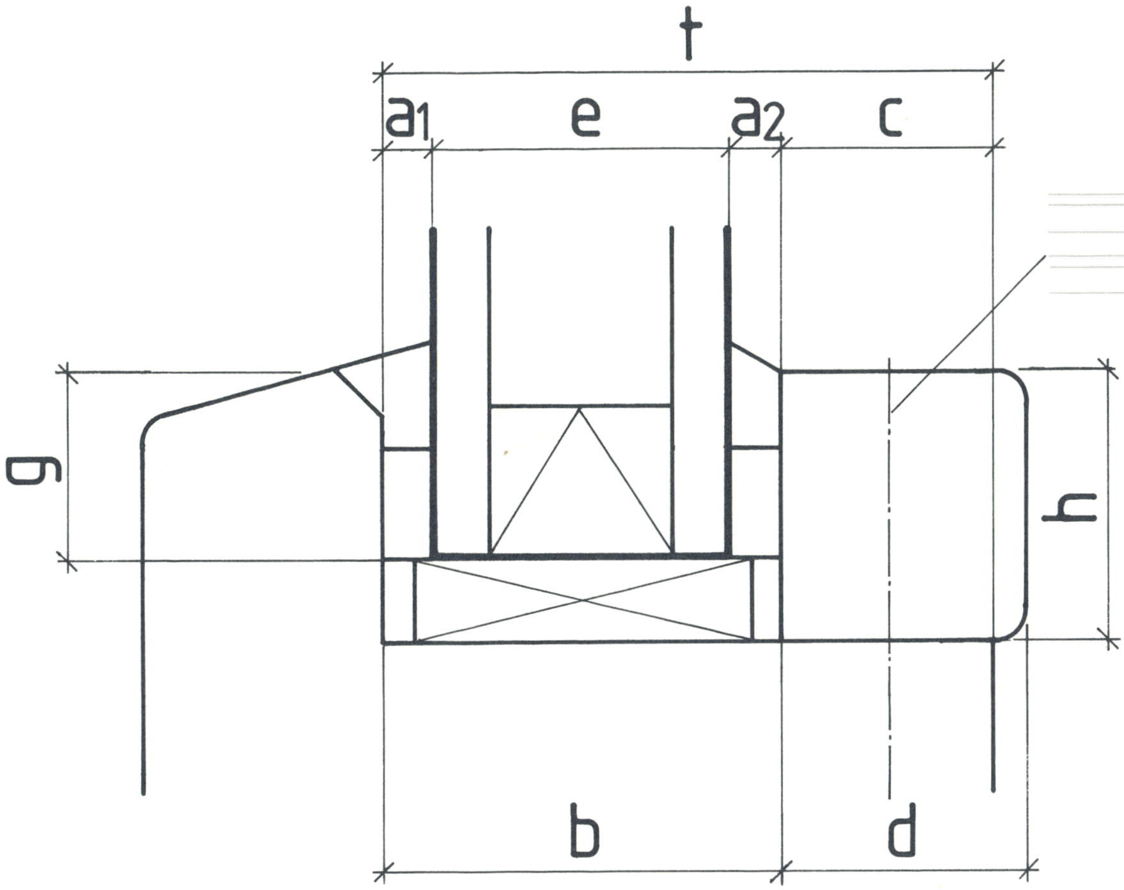

Begriffe nach DIN 18545 Teil 1:

a_1 =

a_2 =

b =

c =

d =

e =

g =

h =

t =

Maßstab 2:1

(→ 91.2)

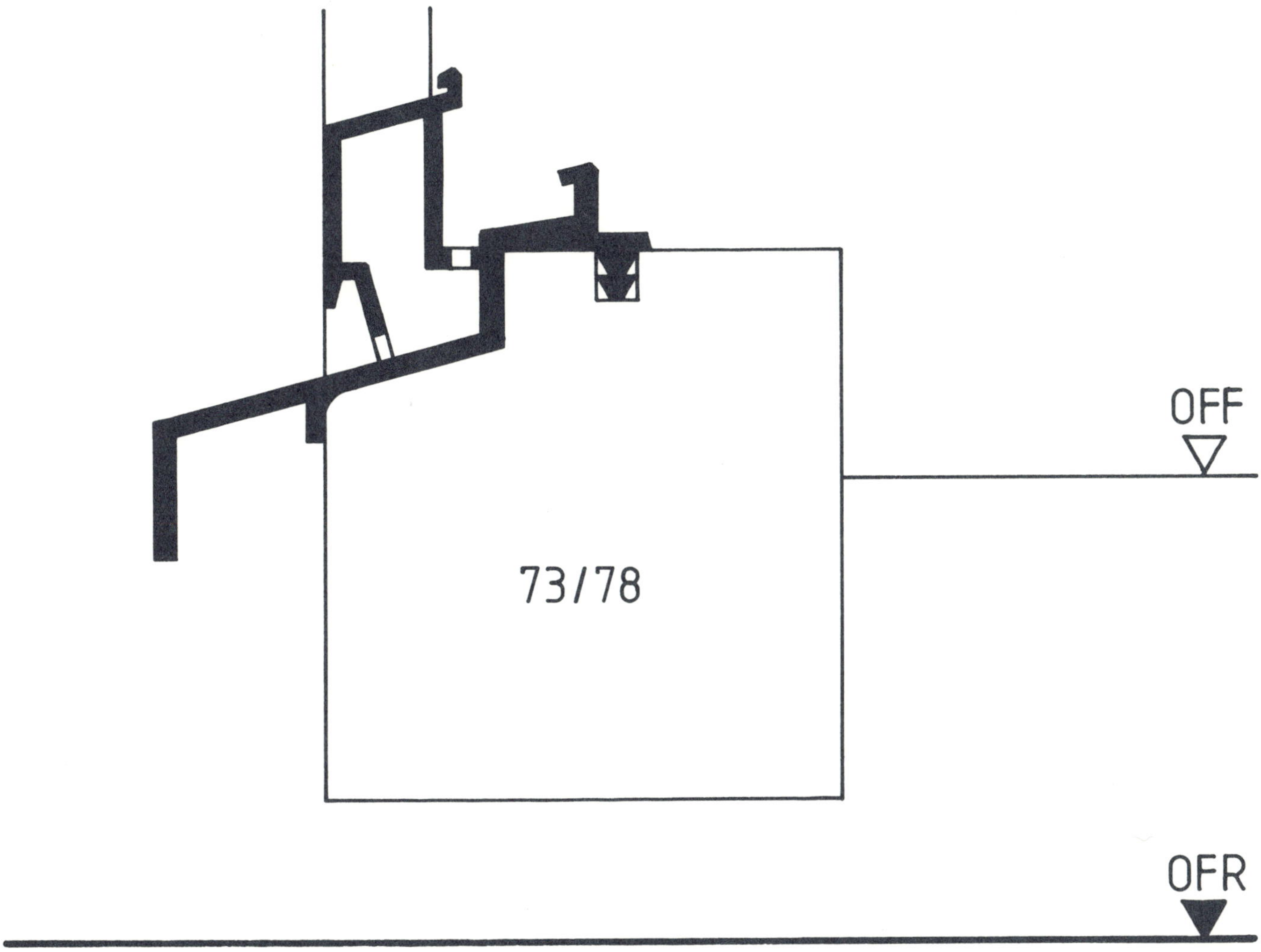

Maßstab 1:1

(→ 94.1 bis 4)